3ds 中文版
Max

灯光 材质 贴图 渲染

技术完全解密

中青雄狮

中国青年出版社

图书在版编目（CIP）数据

中文版3ds Max灯光、材质、贴图、渲染技术完全解密 /李娜，李卓编著. — 北京：中国青年出版社，2017.6
ISBN 978-7-5153-4700-4
I.①中… II.①李… ②李… III.①三维动画软件
IV.①TP391.414
中国版本图书馆CIP数据核字（2017）第074767号

中文版3ds Max灯光、材质、贴图、渲染技术完全解密

李娜 李卓/编著

出版发行	中国青年出版社	
地　　址	北京市东四十二条21号	
邮政编码	100708	
电　　话	(010) 59231565	
传　　真	(010) 59231381	
企　　划	北京中青雄狮数码传媒科技有限公司	
策划编辑	张　鹏	
责任编辑	张　军	
封面设计	张旭兴	
印　　刷	北京建宏印刷有限公司	
开　　本	787 x 1092 1/16	
印　　张	14.5	
版　　次	2017年8月北京第1版	
印　　次	2021年8月第7次印刷	
书　　号	ISBN 978-7-5153-4700-4	
定　　价	79.90元（赠80段4G语音教学视频、274个本书实例文件、320个常用模型、3200个常见材质与贴图）	

本书如有印装质量等问题，请与本社联系
电话：(010) 59231565
读者来信：reader@cypmedia.com
投稿邮箱：author@cypmedia.com
如有其他问题请访问我们的网站：http://www.cypmedia.com

3ds 中文版
Max
灯光 材质 贴图 渲染
技术完全解密

李娜　李卓/编著

中青雄狮

中国青年出版社

Preface 前言

众所周知，3ds Max是一款功能强大的三维建模软件，利用该软件不仅可以创建出绝大多数建筑模型，还可以制作出具有仿真效果的图片。本书以3ds Max 2016为创作平台，以进阶与提升为写作目的，围绕室内模型的材质添加、灯光布置、渲染输出、后期处理等方面展开了详细介绍。书中突出强调知识点的实际应用性，每一个模型的制作均给出了详细的操作步骤，同时还贯穿了作者在实际工作中得出的实战技巧和经验。

本书通过25个小实例讲解了生活中多种物体质感的设置方法，如金属、玻璃、液体、石材、布料等。通过4个综合案例系统地阐述了在不同环境和条件下灯光与材质的设置方法，内容涉及到常用的材质创建和布光手段，而且讲解了每种材质和布光方式的适用范围，使读者在学习使用方法的同时能够更加灵活地应用到实际工作中。

全书共分9章，各章节内容介绍如下：

篇	章 节	内容概述
基础充电篇	Chapter 1	介绍了VRay渲染器的应用知识
	Chapter 2	介绍了材质与光源、环境的关系，VRay材质，常用贴图等
	Chapter 3	介绍了3ds Max灯光类型、VRay灯光类型、阴影类型等
进阶实操篇	Chapter 4	介绍了透明材质、金属材质、瓷材质、珍珠材质等的制作
	Chapter 5	介绍了木质材质、砖石材质、织物材质、纸张材质等带有纹理图案材质的制作
综合应用篇	Chapter 6	介绍了露天餐厅傍晚效果的制作
	Chapter 7	介绍了东南亚风格卧室场景的制作
	Chapter 8	介绍了新中式风格美容SPA包间效果的制作
	Chapter 9	介绍了欧式风格复古拱门效果的制作

本书可作为三维动画爱好者、建筑室内外设计人员和工业设计人员用来提高作品表现能力的参考用书，也可作为效果图爱好者的自学教程。在阅读本书的过程中，欢迎随时加入读者交流群（QQ群：23616092）与笔者及其他读者交流，共同进步。

本书在编写和案例制作过程中力求严谨细致，但由于水平和时间有限，疏漏之处在所难免，望广大读者批评指正。

编 者

Contents 目录

Chapter ③ 画龙点睛之笔——灯光与阴影

本章将向读者介绍3ds Max中灯光与阴影的相关知识。灯光有助于表达一种情感，或者引导观众的眼睛到特定的位置，可以为场景提供更大的深度，展现丰富的层次。

Chapter ④ 质感表现I——基础材质的运用

本章将介绍效果图制作中常用的一些材质的设置方法，如金属、玻璃、水等常见物体的材质，使读者进一步巩固对材质的了解。

Chapter **5** 质感表现 II——材质与贴图的运用

本章将介绍利用贴图表现的材质，如木材、石材、布料、壁纸等材质。学习后，读者可以掌握贴图材质的设置技巧。

Chapter **8** SPA包间——新中式风格表现

本案例表现的是一个阴天状态下的美容院包间效果，主要介绍的是壁纸材质、镜子材质、半透明窗帘材质、布料材质以及其他装饰品材质的制作。另外，简要介绍了VR灯光和VRay IES灯光的使用。

Chapter **9** 复古拱门——欧式风格表现

本案例表现的效果同前面章节中的效果大为不同，是利用混合材质制作各种复古的材质效果，如水泥地面、带凹凸纹理的砖墙、粗糙的石材踏步、生锈的铁艺等。同时，介绍了VR灯光以及VR太阳灯光的使用。

Chapter 1

超乎想象的渲染器

Section 1.1 渲染器基础

渲染器可以通过对参数的设置，通过灯光、所应用的材质及环境设置产生的场景，呈现出最终的效果。渲染器技术相对比较简单，需要用户熟练使用好其中一款或两款渲染，即能够完成较为优秀的作品。

1.1.1 渲染的概念

使用Photoshop制作作品时，可以实时看到最终的效果，而3ds Max由于是三维软件，对系统要求很高，无法进行实时预览，这时就需要一个渲染步骤，才能看到最终效果。当然渲染不仅仅是单击"渲染"按钮这么简单，还需要适当的参数设置，使渲染的速度和质量都达到我们的需求。

使用3ds Max创作作品时，一般都遵循"建模>灯光>材质>渲染"这个最基本的步骤，渲染为最后一道工序（后期处理除外）。渲染的英文为Render，翻译为"着色"，也就是对场景进行着色的过程，它是通过复杂的运算，将虚拟的三维场景投射到二维平面上，这个过程需要对渲染器进行复杂的设置。一些比较优秀的渲染作品，如下图所示。

1.1.2 渲染器类型介绍

渲染器的类型很多，3ds Max自带了多种渲染器，分别是默认扫描线渲染器、NVIDIA iray渲染器、NVIDIA mental ray渲染器、Quicksilver硬件渲染器和VUE文件渲染器。除此之外，还有很多外置的渲染器插件，比如VRay渲染器、Brazil渲染器等，如右图所示。

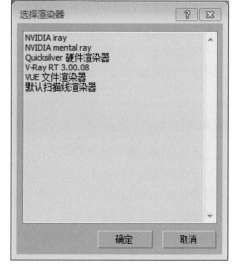

操作提示

一般情况下，渲染都不会用到默认扫描渲染器，因为其渲染质量不高，并且渲染参数特别复杂，用户只需要知道有这么一个渲染器就可以了。

1. 默认扫描线渲染器

默认扫描线渲染器是一种多功能渲染器，可以将场景渲染为从上到下生成的一系列扫描线。默认扫描线渲染器的渲染速度是最快的，但是渲染功能不强。

2. NVIDIA iray渲染器

NVIDIA iray渲染器通过跟踪灯光路径来创建物理上的精确渲染，是一个将光线追踪算法推向极致的产品，利用这一渲染器，我们可以实现反射、折射、焦散、全局光照明灯等其他渲染器很难实现的效果。

与其他渲染器相比，NVIDIA iray渲染器几乎不需要进行参数设置，该渲染器的特点在于可以指定要渲染的时间长度、要计算的迭代次数，并且只需要启动渲染一段时间后，在对结果外观满意时，即可以停止渲染。

3. NVIDIA mental ray渲染器

mental ray是早期出现的一个重量级渲染器，其操作非常简便，效率也很高，可以生成灯光效果的物理校正模拟，包括光线跟踪反射和折射、焦散和全局照明。因为该渲染器只需要在程序中设定好参数，便会智能地对需要渲染的场景进行自动计算，所以mental ray渲染器也叫做智能渲染器。

4. Quicksilver硬件渲染器

Quicksilver硬件渲染器是使用图形硬件生成渲染，其优点是它的速度，默认设置提供快速渲染。

5. VUE文件渲染器

VUE文件渲染器可以创建VUE文件，该文件使用可编辑的ASCII格式。

6. Brazil渲染器

Brazil渲染器是外置的渲染器插件，又称为巴西渲染器。该渲染器拥有强大的光线跟踪的折射和反射、全局光照、焦散等功能，作为一个免费的渲染插件来说，其渲染效果是非常惊人的，但是目前的渲染速度相对来说非常慢。

7. VRay渲染器

目前世界上出色的渲染器为数不多，如Chaos Software公司的VRay、SplutterFish公司的Brazil、Cebas公司的FinalRender、Autodesk公司的Lightcape，还有运行在Maya上的Renderman等，这几款渲染器各有所长，但是VRay的灵活性、易用性更见长，并且VRay还有散焦之王的美誉。

VRay渲染器结合了光线跟踪和光能传递两方面，其真实的光线计算功能，可以创建出专业的照明效果，可用于建筑设计、灯光设计、展示设计等多个领域。

1.1.3　渲染工具

在主工具栏右侧提供了多个渲染工具，如右图所示。

各渲染工具的功能介绍如下：

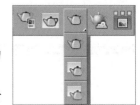

- **渲染设置**：单击该按钮即可打开"渲染设置"对话框，几乎所有的渲染参数都在该对话框中完成。
- **渲染帧窗口**：单击该按钮可以打开"渲染帧窗口"对话框，在该对话框中可以执行选择渲染区域、切换通道和储存渲染图像等任务。
- **渲染产品**：单击该按钮可以使用当前的产品级渲染设置来渲染场景。
- **渲染迭代**：单击该按钮可以在迭代模式下渲染场景。
- **Active Shade（动态变色）**：单击该按钮，可以在浮动的窗口中执行"动态着色"渲染。
- **在Autodesk A360中渲染**：A360中的云渲染，单击该按钮可利用几乎无限的计算能力，在较短的时间内创建出真实照片级和高分辨率的图像。

Section 1.2　详解VRay渲染器

VRay渲染器是目前业界最受欢迎的渲染引擎，是基于V-Ray内核开发的，有VRay for 3ds Max、Maya、Sketchup、Rhino等多个版本，为不同领域的优秀3D建模软件提供了高质量的图片和动画渲染。该渲染器材质效果与光影效果表现真实，操作简便，参数可控性强，可以根据需要控制渲染速度与质量，广泛应用于室内设计、建筑设计、工业造型设计及动画表现等领域。

使用VRay渲染器可以做到以下几点：

- 表现出真正的、平滑的光影追踪反射和折射。
- 通过制定专用材质类型，可以很方便地创建石蜡、大理石、磨砂玻璃等效果。
- 使用VRay阴影类型，可以很容易地制作出柔和的阴影效果。
- 使用VRay的全局照明系统，可以制作出真实的间接光照效果。
- 焦散特效、景深特效和运动模糊特效等，都可以较为容易地创建出来。

VRay渲染器参数主要包括公用、V-Ray、GI、设置和Render Elements 5个选项卡，各个选项卡中又包含多个卷展栏参数面板，本节将着重介绍在渲染过程中涉及到的几项参数。

在选择VRayMtl材质之前，先要将当前运行的渲染器类型更改为VRay渲染器，具体的操作步骤如下：

01 将VRay渲染插件安装完成后，启动3ds Max 2016，在操作界面单击"渲染设置"按钮■或者按键盘上的F10键，即可打开渲染设置面板，切换到"公用"选项卡的指定渲染器卷展栏，如下图所示，可以看到初安装好的3ds Max默认渲染器为扫描线渲染器。

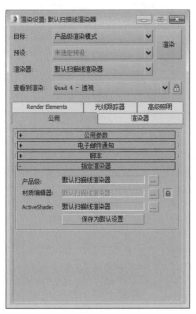

02 单击"产品级"右侧的选择渲染器按钮■，打开"选择渲染器"对话框，从中选择V-Ray Adv 3.00.08版本渲染器为当前渲染器，如下图所示。

03 设置完成后，可以看到渲染设置对话框中的各选项卡都发生了改变，尤其明显的就是增加的V-Ray选项卡，在该选项卡的各个卷展栏中可以设置渲染的各项参数，如下图所示。

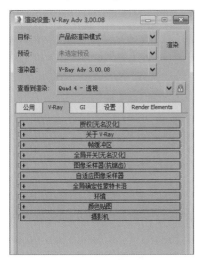

04 展开"授权"卷展栏，在该卷展栏中将会显示VRay安装成功后的注册信息，如下图所示。

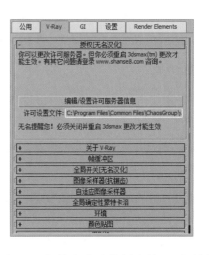

05 展开"关于V-Ray"卷展栏，在该卷展栏中将显示VRay安装成功后的版本号。不同版本的3ds Max所支持的V-Ray版本不同，本书介绍的3ds Max 2016支持的是最新的V-Ray Adv 3.00.08版本渲染器。

V-Ray 3.0引入了一个简化的用户界面，其中包括三种模式：基本模式、高级模式和专家模式，如下图所示。模式间可随时自由切换以显示其他空间，默认显示为基本模式，该模式可以满足大多数艺术家的日常产品级作品工作上的需要。

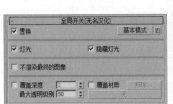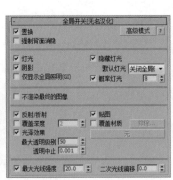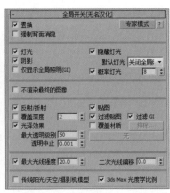

1.2.1 控制选项

在"渲染设置"对话框的顶部会有一些控制选项，如"目标"、"预设"、"渲染器"以及"查看到渲染"，它们可应用于所有渲染器，具体功能介绍如下：

1. "目标"下拉列表

该选项用于选择不同的渲染选项，如右图所示。

> 产品级渲染模式
> 迭代渲染模式
> ActiveShade 模式
> A360 云渲染模式
> 提交到网络渲染...

- **产品级渲染模式：**该选项为默认设置，当处于活动状态时，单击"渲染"按钮可使用产品级模式。
- **迭代渲染模式：**当处于活动状态时，单击"渲染"按钮，可使用迭代模式。
- **ActiveShade模式：**当处于活动状态时，单击"渲染"按钮，可使用ActiveShade模式。
- **A360云渲染模式：**打开A360云渲染的控制。
- **提交到网络渲染：**将当前场景提交到网络渲染。选择此选项后，3ds Max将打开"网络作业分配"对话框。此选择不影响"渲染"按钮本身的状态，用户可以使用"渲染"按钮启动产品级、迭代或ActiveShade渲染。

2. "预设"下拉列表

用于选择预设渲染参数集、加载或保存渲染参数设置。

3. "渲染器"下拉列表

可以选择处于活动状态的渲染器，这是使用"指定渲染器"卷展栏的一种替代方法。

4. "查看到渲染"下拉列表

当单击"渲染"按钮时，将显示渲染的视口。要指定渲染的不同视口，可从"查看到渲染"列表中选择所需视口，或在主用户界面中将其激活。该下拉列表中包含所有视口布局中可用的所有视口，每个视口都先列出了布局名称，如右图所示。如果"锁定到视口"处于关闭状态，则激活主界面中不用的视口会自动更新该设置。

> 四元菜单 4 - 顶
> 四元菜单 4 - 前
> 四元菜单 4 - 左
> 四元菜单 4 - 透视

启用锁定到视口◙功能时，会将视图锁定到"视口"列表中显示的一个视图，从而可以调整其他视口中的场景（这些视口在使用时处于活动状态），然后单击"渲染"按钮即可渲染最初选择的视口；如果仅用此选项，单击"渲染"按钮将始终渲染活动视口。

1.2.2 "帧缓冲区"卷展栏

"帧缓冲区"卷展栏下的参数可以代替3ds Max自身的帧缓存窗口。在这里可以设置渲染图像的大小以及保存渲染图像等，如右图所示。

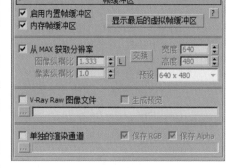

- **启用内置帧缓冲区：** 勾选该复选框时，用户可以使用VRay自身的渲染窗口。同时要注意，应该把3ds Max默认的渲染窗口关闭，即把"公用参数"卷展栏下的"渲染帧窗口"功能禁用。
- **内存帧缓冲区：** 勾选该复选框，可以将图像渲染到内存，再由帧缓冲区窗口显示出来，方便用户观察渲染过程。
- **从Max获取分辨率：** 当勾选该复选框时，将从3ds Max"渲染设置"对话框中的"公用"选项卡中获取渲染尺寸。
- **图像纵横比：** 控制渲染图像的长宽比。
- **宽度/高度：** 设置图像的宽度和高度。
- **V-Ray Raw图像文件：** 勾选该复选框时，VRay将图像渲染为vrimg格式的文件。
- **单独的渲染通道：** 勾选该复选框后，可以保存RGB图像通道或者Alpha通道。

下图分别为勾选"启用内置帧缓冲区"复选框的渲染效果和取消勾选该复选框的渲染效果。

1.2.3 "全局开关"卷展栏

"全局开关"卷展栏主要是对场景中的灯光、材质、置换等进行全局设置，比如是否使用默认灯光、是否打开阴影、是否打开模糊等，其参数面板如右图所示。

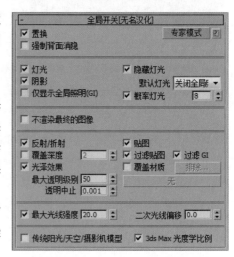

该卷展栏中主要参数含义介绍如下：

- **置换：**默认为勾选状态，用于控制场景中的置换效果是否打开。在V-Ray的置换系统中，一共有两种置换方式：一种是材质的置换，另一种是V-Ray置换的修改器方式。当取消勾选复选框时，场景中的两种置换都不会有效果。
- **强制背面消隐：**默认为不勾选状态，与"创建对象时背面消隐"选项相似，"强制背面消隐"是针对渲染而言的，勾选该复选框后反法线的物体将不可见。
- **灯光：**默认为勾选状态，勾选此复选框时，V-Ray将渲染场景的光影效果，反之则不渲染。
- **默认灯光：**选择"开"选项时，V-Ray将会对软件默认提供的灯光进行渲染，选择"关闭全局照明"选项则不渲染。
- **隐藏灯光：**用于控制场景是否允许隐藏灯光产生光照。
- **阴影：**用于控制场景是否产生投影。
- **仅显示全局照明：**当此复选框勾选时，场景渲染结果只显示GI的光照效果。尽管如此，渲染过程中也是计算了直接光照。
- **概率灯光：**控制场景是否使用3ds Max系统中的默认光照，一般情况下都不勾选。
- **不渲染最终的图像：**控制是否渲染最终图像，勾选此复选框，VRay将在计算完光子后不再渲染最终图像。
- **反射/折射：**用于控制是否打开场景中材质的反射和折射效果。
- **覆盖深度：**用于控制整个场景中反射、折射的最大深度，其后面的输入框中的数值表示反射、折射的次数。默认数值为2，表示反弹2次。
- **光泽效果：**用于控制是否开启反射或折射模糊效果。
- **贴图：**控制渲染时场景是否使用纹理贴图。
- **过滤贴图：**控制渲染场景时是否使用贴图纹理过滤，勾选此复选框后材质效果将会显得更加平滑。
- **过滤GI：**控制是否在全局照明中过滤贴图。
- **覆盖材质：**用于控制是否给场景赋予一个全局材质。单击右侧按钮，选择一个材质后，场景中所有的物体都将使用该材质渲染。在测试灯光时，这个选项非常有用。
- **最大透明级别：**控制对透明物体的追踪何时终止。
- **二级光线偏移：**控制次级偏移距离。
- **传统阳光/天空/摄影机模型：**勾选该复选框可保留不同VRay版本中阳光、天光和摄影机模式。
- **3ds Max光度学比例：**用于启用或禁用3ds Max的光度比，默认状态下该复选框不勾选。

替代材质的作用非常广泛，在场景中物体没有被制定材质之前，可以使用替代材质测试灯光效果，如果为场景模型制定材质之后，又认为灯光需要修改，这时无法返回到没有制定材质的素材效果，就可以使用替代材质再次进行灯光测试。下图为场景渲染效果以及使用了替代材质的渲染效果。

1.2.4 "图像采样器（抗锯齿）"卷展栏

在VRay渲染器中，图像采样器（抗锯齿）是指采样和过滤的一种算法，并产生最终的像素数组来完成图形的渲染。VRay渲染器提供了几种不同的采样算法，尽管会增加渲染时间，但是所有的采样器都支持3ds Max的抗锯齿过滤算法。我们可以在"固定"采样器、"自适应"采样器、"自适应细分"采样器以及"渐进"采样器中根据需要选择一种进行使用。该卷展栏用于设置图像采样和抗锯齿过滤器类型，其界面如右图所示。

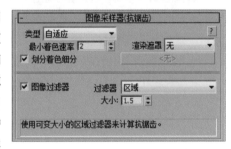

1. 类型

设置图像采样器的类型，包括"固定"、"自适应"、"自适应细分"以及"渐进"等选项。

- **固定：** 对每个像素使用一个固定数量的样本，比较适合工业造型的表现。
- **自适应：** 可以根据每个像素以及与它相邻像素的明暗差异，对不同像素使用不同的样本数量。
- **自适应细分：** 具有负值采样的高级抗锯齿功能，在没有VRay模糊特效的场景中，它是首选采样器，渲染速度最快。
- **渐进：** 该采样器适合渐进的效果，是新增的一个种类。

使用VRay渲染器进行渲染时，通过采样设置选项组，将组成图像的像素按照一定的排列和过滤方式渲染完成最终的画面效果，就是常说的抗锯齿设置。

2. 划分着色细分

当关闭抗锯齿过滤器时，该复选框常用于测试渲染，渲染速度非常快，质量较差。

3. 图像过滤器

用于控制是否启用过滤器。

4. 过滤器

控制渲染场景中的抗锯齿类型。启用全局照明功能后，它将在次级像素层级起作用，并根据选择的过滤器使图像更加清晰或柔化最终输出效果。过滤器类型共十六种，如右图所示。

- **区域**：通过模糊边缘来达到抗锯齿效果。
- **清晰四方形**：来自Nesion Max算法的清晰9像素重组过滤器。
- **Catmull-Rom**：一种具有边缘增强的过滤器，可以产生较清晰的图像效果。
- **图版匹配/MAX R2**：使用3ds Max R2将摄影机和场景或"无光/投影"与未过滤的背景图像匹配。
- **四方形**：和"清晰四方形"选项相似，能产生一定的模糊效果。
- **立方体**：基于立方体的25像素过滤器，能产生一定的模糊效果。
- **视频**：适用于制作视频动画的一种抗锯齿过滤器。
- **Cook变量**：一种通用过滤器，较小的数值可以得到清晰的图像效果。
- **混合**：一种用混合值来确定图像清晰或模糊的抗锯齿过滤器。
- **Blackman**：一种没有边缘增强效果的过滤器。
- **柔化**：用于程度模糊效果的一种抗锯齿过滤器。
- **Mitchell-Netravali**：一种常用的过滤器，能产生微量模糊的图像效果。
- **VRayLanczos/VRaySincFilter**：选择这两个选项，可以很好地平衡渲染速度和渲染质量。
- **VRayBox/VRay TriangleFilter**：选择这两个选项，可以以盒子和三角形的方式进行抗锯齿。

5. 大小

该选项用于设置过滤器的大小。下面将利用一个简单的场景来观察抗锯齿过滤对场景效果的影响。选择固定比率采样器，设置不同的过滤器进行渲染，下图依次为选择区域、Catmull-Rom、混合及Mitchell-Netravali四种过滤器的效果。

1.2.5 "全局确定性蒙特卡洛"卷展栏

"全局确定性蒙特卡洛"采样器可以说是VRay的核心,贯穿于VRay的每一种"模糊"计算中(抗锯齿、景深、间接照明、面积灯光、模糊反射/折射、半透明、运动模糊等),一般用于确定获取什么样的样本,最终哪些样本被光线追踪。与那些任意一个"模糊"计算使用分散的方法来采样不同的是,VRay根据一个特定的值,使用一种独特的统一标准框架来确定有多少以及多精确的样本被获取,这个标准框架就是"全局确定性蒙特卡洛"采样器,其参数面板如右图所示。

- **自适应数量:** 用于控制重要性采样使用的范围。默认值为1,表示在尽可能大的范围内使用重要性采样,0则 表示不进行重要性采样,即样本的数量会保持在一个相同的数量上,而不管模糊效果的计算结果如何。减少"自适应数量"的值会减慢渲染速度,但同时会降低噪波和黑斑。
- **噪波阈值:** 在计算一种模糊效果是否足够好的时候,控制VRay的判断能力。在最后的结果中直接转化为噪波,较小的取值表示较少的噪波、使用更多的样本并得到更好的图像质量。
- **全局细分倍增:** 在渲染过程中这个选项会倍增任何地方任何参数的细分值。可以使用这个参数来快速增加或减少任何地方的采样质量,在使用DMC 采样器的过程中,可以将它作为全局的采样质量控制。
- **最小采样:** 确定在使用早期终止算法之前必须获得的最少的样本数量,较高的取值将会减慢渲染速度,但同时会使早期终止算法更可靠。

1.2.6 "环境"卷展栏

VRay的GI环境包括VRay天光、反射环境和折射环境,其参数面板如右图所示。

- **全局照明环境:** 用于控制VRay的天光。当勾选该复选框,3ds Max默认环境面板的天光效果将不起作用。
- **倍增:** 用于控制亮度的倍增,值越高,亮度就越高。

- **反射/折射环境：** 勾选此复选框后，场景中的反射环境将由它来控制。
- **折射环境：** 勾选此复选框后，前场景中的折射环境将由它来控制。

1.2.7 "颜色贴图"卷展栏

"颜色贴图"卷展栏下的参数主要用来控制整个场景的颜色和曝光方式，通过设置曝光方式及对象直接受光部分和背光部分的倍增值，来整体调整图面的明亮度和对比度，其参数设置面板如右图所示。

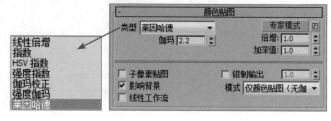

1. 类型

"类型"选项列表中包括线性倍增、指数、HSV指数、强度指数、伽玛校正、强度伽马和莱茵哈德7种模式，不同模式下的局部参数也会有所不同。

- **线性倍增：** 该模式将基于最终色彩亮度来进行线性倍增，容易产生曝光效果，一般不建议使用该选项。
- **指数：** 这种曝光采用指数模式，可以将靠近光源处的表面曝光，产生柔和的效果。
- **HSV指数：** 与"指数"选项相似，不同处在于该参数可保持场景的饱和度。
- **强度指数：** 该方式是对上面两种指数曝光的结合，既抑制曝光效果，又保持物体的饱和度。
- **伽玛校正：** 采用伽玛来修正场景中的灯光衰减和贴图色彩，其效果和"线性倍增"模式类似。
- **强度伽马：** 这种曝光模式不仅拥有伽玛校正的优点，同时还可以修正场景灯光的亮度。
- **莱茵哈德：** 这种曝光方式可以把线性倍增和指数曝光混合起来。

下图分别为使用"莱茵哈德"和"指数"两种曝光方式渲染出的同一个场景效果，可以观察一下区别。

2. 子像素贴图

勾选该复选框后，物体的高光区与非高光区的界限处不会有明显的黑边。

3. 钳制输出

勾选该复选框后，在渲染图中有些无法表现出来的色彩会通过限制来自动纠正。

4. 影响背景

该复选框用于控制是否让曝光模式影响背景。

5. 不影响颜色（仅自适应）

在使用HDRI和VR灯光材质时，若不开启该选项，"颜色贴图"卷展栏下的参数将对这些具有发光功能材质或贴图产生影响。

6. 线性工作流

该复选框是一种通过调整图像的灰度值，来使图像得到线性化显示的技术流程。

1.2.8 "全局照明"卷展栏

"全局照明"卷展栏是VRay的核心部分，在该卷展栏中可以打开全局光效果，如图所示。全局光照引擎也是在该卷展栏中选择的，不同的场景材质对应不同的运算引擎，正确设置可以使全局光照计算速度更加合理，使渲染效果更加出色，其参数面板如下图所示。

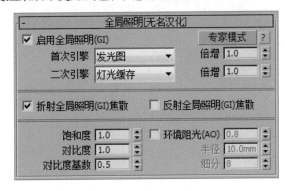

- **启用全局照明：** 勾选此复选框，全局照明将会被激活，场景接受全局光照明，并根据设置的各项参数对场景发生作用。
- **首次引擎/二次引擎：** 当一个点在摄像机中可见或者光线穿过反射/折射表面的时候，就会产生首次引擎，当点包含在GI计算中的时候就产生二次引擎。
- **倍增：** 该参数决定为最终渲染图像提供多少初级反弹，默认取值1.0，可以得到一个最准确的效果。
- **折射全局照明（GI）焦散：** 勾选该复选框，间接照明穿过透明物体的时候会产生折射焦散。默认是开启的。
- **反射全局照明（GI）焦散：** 勾选该复选框，间接光照射到镜像表面的时候会产生反射焦散。默认情况下它是关闭的，因为它对最终的GI计算影响很小，而且还会产生一些不希望看到的噪波。
- **饱和度：** 设置全局照明下的色彩饱和程度。

- **对比度：** 设置全局照明下的明暗对比度。
- **对比度基数：** 该参数和对比度参数配合使用，两个参数之间差值越大，场景中的亮部和暗部的对比强度就越大。

操作提示

发光图和灯光缓存搭配使用，不仅图面效果好，而且还纠正了灯光缓存造成的投影细节不理想的问题，但是渲染时间较长。

1.2.9 "发光图"卷展栏

在VRay渲染器中，"发光图"是计算场景中物体的漫反射表面发光时采取的一种有效方法，在计算GI时它会自动判断在重要的部分进行更加准确的计算，其参数设置面板如下图所示。

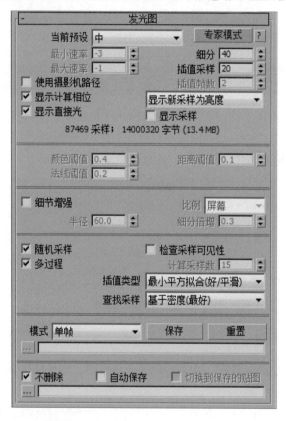

- **当前预设：** 设发光图的预设类型，共有8种。
- **最小/最大速率：** 主要控制场景中比较平坦、面积较大、细节较多并且弯曲较大的面的质量受光。
- **细分：** 数值越高，表现光线越多，精度也就越高，渲染的品质也越好。
- **插值采样：** 该参数用于对样本进行模糊处理，数值越大渲染越精细。
- **插值帧数：** 该数值用于控制插补的帧数。
- **使用摄影机路径：** 勾选该复选框，将会使用摄影机的路径。
- **显示计算相位：** 该复选框用于查看渲染帧里的GI预算过程，一般建议勾选。
- **显示直接光：** 在预计算的时候显示直接光，方便用户观察直接光照的位置。

- **显示采样：**显示采样的分布以及分布的密度，帮助用户分析GI的精度够不够。
- **细节增强：**勾选后细节非常精细，但是渲染速度非常慢。
- **过程：**勾选该复选框时，VRay会根据最大比率和最小比率进行多次计算。
- **模式：**有单帧、多帧增量、从文件、添加到当前贴图、增量添加到当前贴图、块模式、动画（预通过）和动画（渲染）8种模式。
- **不删除：**当光子渲染完以后，不把光子从内存中删掉。
- **自动保存：**光子渲染完以后，自动保存在硬盘中。
- **切换到保存的贴图：**勾选"自动保存"复选框后，在渲染结束时会自动进入"从文件"模式并调用光子图。

1.2.10　"灯光缓存"卷展栏

"灯光缓存"与"发光图"卷展栏比较相似，都是将最后的光发散到摄影机后得到最终图像，只是"灯光缓存"与"发光图"的光线路径是相反的，"发光图"的光线追踪方向是从光源发射到场景的模型中，最后再反弹到摄影机；而"灯光缓存"是从摄影机开始追踪光线到光源，摄影机追踪光线的数量就是"灯光缓存"的最后精度，其参数设置面板如下图所示。

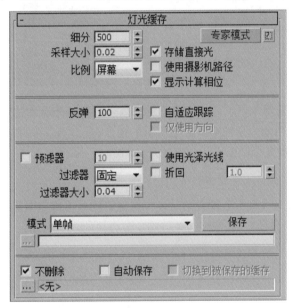

- **细分：**定义准蒙特卡洛的样本数量，值越大效果越好，速度越慢；值越小，产生的杂点会更多，速度相对快些。
- **采样大小：**用来控制灯光缓存的样本大小。比较小的样本可以得到更多的细节，但是同时需要更多的样本。
- **屏幕：**该单位是依据渲染图的尺寸来确定样本大小的，越靠近摄像机的样本越小，越远离摄像机的样本越大。

操作提示

由于"灯光缓存"是从摄影机方向开始追踪光线的，所以最后的渲染时间与渲染图像的像素没有关系，只与其中的参数有关，一般适用于"二次反弹"。

1.2.11 "系统"卷展栏

"系统"卷展栏下的参数不仅对渲染速度有影响，还会影响渲染的显示和提示功能，同时还可以完成联机渲染，其参数面板如下图所示。

在该卷展栏中可以设置渲染区域（块）的各种参数。渲染块的概念是VRay分布式渲染系统的精华部分，一个渲染块就是当前渲染帧中被独立渲染的矩形部分，它可以被传送到局域网中其他空闲机器中进行处理，也可以被几个CPU进行分布式渲染。

1. 渲染块宽度

当选择"分割方法"为"大小"模式的时候，以像素为单位确定渲染块的最大宽度，选择"分割方法"为"计数"模式的时候，以像素为单位确定渲染块的水平尺寸。

2. 渲染块高度

当选择"分割方法"为"大小"模式的时候，以像素为单位确定渲染块的最大高度，选择"分割方法"为"计数"模式的时候，以像素为单位确定渲染块的垂直尺寸。

3. 序列

确定在渲染过程中块渲染进行的顺序。如果场景中具有大量的置换贴图物体、VRayProxy或VRayFur物体，默认的三角形次序是最好的选择，因为它始终采用一种相同的处理方式，在后一个渲染块中可以使用前一个渲染块的相关信息，从而加快渲染速度。

4. 反向排序

勾选该复选框，将按照与前面设置排序的反方向进行渲染。

5. 上次渲染

该参数确定渲染开始的时候，在VFB窗口中以什么样的方式处理先前渲染图像。

6. 动态内存限制（MB）

消耗的全部内存可以被限定在某个范围内。

7. 最大树向深度

较大的值将占用更多的内存，但是在超过临界点前渲染会很快，超过临界点（每一个场景不一样）以后开始减慢。

8. 最小叶片尺寸

定义枝叶节点的最小尺寸，通常该值设置为0，表示VRay将不考虑场景尺寸来细分场景中的几何体。如果节点尺寸小于设置的参数值，VRay将停止细分。

9. 面/级别系数

控制一个节点中的最大三角形数量。如果该参数取值较小，渲染速度会很快。

10. 对象设置

单击该按钮会弹出"VRay对象属性"对话框，在该对话框中可以设置VRay渲染器中每一个物体的局部参数，如GI属性、焦散属性等。

- **对象属性：** 该选项区域用于设置被选择物体的几何学样本、GI和焦散的参数。
- **无光属性：** VRay具有自己的不可见系统，既可以在物体层级通过物体参数设置，设定物体的不可见参数，也可以在材质层级通过特别的VRayMtlWrapper材质来设定。
- **直接光：** 该选项区域可设置阴影、颜色、亮度等参数。
- **反射/折射/全局照明（GI）：** 该选项区域可设置反射/折射/全局照明的相关参数。

Chapter 2

精妙绝伦之美
——材质与贴图

Section 2.1 材质概述

　　所谓材质，就是物体看起来是什么质地，可以理解为材料和质感的结合。在渲染程式中，材质是表面各可视属性的结合，这些可视属性是指表面的色彩、纹理、光滑度、透明度、反射率、折射率、发光度等。从严格意义上来讲，材质实际上就是3ds Max系统对真实物体视觉效果的表现，而这种视觉效果又通过颜色、质感、反光、折光、透明性、自发光、表面粗糙程度、肌理纹理结构等诸多要素显示出来。这些视觉要素都可以在3ds Max中相应的参数或选项里进行设定。

　　如果想要做出真实的材质效果，就必须深入了解物体的属性，这需要对真实物理世界中物体多观察分析。下面将对物体的具体属性进行举例分析。

1. 物体的颜色

　　色彩是光的一种特性，我们通常看到的色彩是光作用于眼睛的结果。当光线照射到物体上的时候，物体会吸收一些光色，同时也会漫反射一些光色，这些漫反射出来的光色到达人们的眼睛之后，就决定物体看起来是什么颜色，这种颜色被称为固有色。这些被漫反射出来的光色除了会影响人们的视觉，还会影响它周围的物体，这就是光能传递。当然，影响的范围不会像人们的视觉范围那么大，它要遵循光能衰减的原理。

　　右图中远处的光照较亮，近处的光照较暗，这与光的反弹与照射角度有关系。当光的照射角度与物体表面成90°垂直时，光的反弹最强，而光的吸收最柔；光的照射角度与物体表面成180°时，光的反弹最柔，光的吸收最强。需要注意的是，物体的表面越白，光的反射越强；物体的表面越黑，光的吸收越强。

2. 光滑与反射

　　一个物体是否有光滑的表面，往往不需要用手去触摸，视觉就会告诉我们结果。因为光滑的物体，总会出现明显的高光，如玻璃、瓷器、金属等；而没有明显高光的物体，通常都是比较粗糙的，如砖头、瓦片、泥土等。

　　这种差异在自然界无处不在，但它是怎么产生的呢？依然是光线的反射作用，但是和上面固有色的漫反射方式不同，光滑物体有着一种类似镜子的效果，在物体的表面还没有光滑到可以反射出周围物体的时候，它对光源的位置和颜色是非常敏感的。所以，光滑物体表面只镜射出光源，这就是物体表面的高光区，它的颜色是由照射它的光源颜色决定的（金属除外），随着物体表面光滑度的提高，对光源的反射会越来越清晰，这就是在材质编辑中越是光滑的物体高光范围越小，强度越高。

从光滑的洗手盆表面可以看到很小的高光，这是因为物体表面比较光滑而产生的高光。而表面粗糙的毛巾，没有一点光泽，光照射到毛巾表面，发生了漫反射，反射光线则弹向四面八方，所以就没有了高光，如下图所示。

3. 透明与折射

自然界的大多数物体通常会遮挡光线，当光线可以自由穿过物体时，这个物体肯定就是透明的。这里所说的穿过，不单是指光源的光线穿过透明物体，还指透明物体背后的物体反射出来的光线也要再次穿过透明物体，这样使我们可以看见透明物体背后的东西。

由于透明物体的密度不同，光线射入后会发生偏转现象，这就是折射。比如插进水里的筷子，看起来是弯的。不同的透明物体的折射率也不一样，即使同一种透明的物质，温度不同也会影响其折射率，比如我们透过火焰观察对面的景象，会发现景象有明显的扭曲现象，这是因为温度改变了空气的密度，不同的密度产生了不同的折射率。

在自然界中还存在着另外一种形式的透明，在三维软件的材质编辑器中把这种属性称之为半透明，比如纸张、塑料、植物的叶子以及蜡烛等。它们原本不是透明的物体，但是在强光的照射下背光部分会出现"透光"现象，在下图中，银杏叶子在阳光的照射下表现的更加通彻，正在燃烧的蜡烛靠近烛火的位置也是呈现出半透明状态。

2.1.1　材质的构成

在3ds Max中，基本材质和贴图与复合材质是不同的，材质模拟的表面反射特性与真实生活中对象反射光线的特性是有区别的。

材质最主要的属性是漫反射颜色、高光颜色、不透明度和反射折射，而漫反射颜色、高光颜色以及环境光颜色三种颜色构成对象表面，如右图所示。

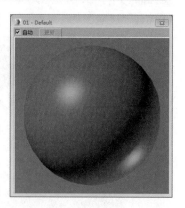

- **漫反射颜色：** 在光照条件较好的情况下，比如太阳光和人工光照直射情况下，对象反射的颜色，又被称为对象的固有色。
- **高光颜色：** 反射亮点的颜色。高光颜色看起来比较亮，而且高光区的形状和尺寸可以控制，我们可以根据不同质地的对象来确定高光区范围的大小及形状。
- **环境光颜色：** 对象阴影处的颜色，它是环境光比直射光强的时候对象反射的颜色。

使用这三种颜色并对高光区进行控制，可以创建出基本反射材质。这种材质相当简单，可以生成有效的渲染效果，还可以模拟发光对象以及透明或半透明对象。这三种颜色在边界地方相互融合，在环境光颜色与漫反射颜色之间，融合是根据标准的着色模型进行计算，高光和环境光颜色之间，可使用材质编辑器控制融合数量。

2.1.2　材质与光源的关系

在真实世界中，材质可以看成是表面可视属性的集合，这些可视属性包括质感、色彩、纹理、光滑度、透明度、反射率等。材质的这些属性与灯光的关系极为密切，离开光，材质的属性则无法体现。效果图制作人员要在虚拟的环境中再现真实场景，不仅要了解材质的物理属性，还应了解它的受光特征，熟悉不同光照环境中材质的变化规律。

1. 材质与光线强度的关系

材质的表现对灯光强度的变化极为敏感，金属、布料等不同的材质类型，在相同强度的光照下，所表现的光感是不同的。

建筑效果图中，一般使用三点布光，场景中有主光源、辅助光源、背景光源，这使建筑场景中存在多种不同强度、不同功能的光源，也存在着多种不同类型的材质。这种情况下，设置主光源、辅助光源的灯光强度时应充分考虑到场景中材质的属性。

2. 材质与光纤角度的关系

在室内效果图制作中，虚拟灯光发出的光线与墙面的入射角度较大时，墙面的材质较亮；光线角度与地面入射角度较大时，地面的材质则较亮。

一般情况下，材质的高光往往出现在视点与入射角度相同的位置。当光线的入射角与材质表面的角度不垂直时，材质表面出现较弱的高光，且两者夹角越小，光线越弱。

3. 材质与光线衰减的关系

在真实的环境中，照射到物体表面的光线强度会受到空气、灰尘等介质的影响，因此光线强度会随着照射距离的增加而减弱，也会随着照射范围的增大而产生径向上的衰减。靠近光源的材质得到了充分的照明，色彩鲜亮，远离光源的材质由于光线照射强度的减弱，色泽灰暗，这种现象我们称为灯光的衰减。

在3ds Max光照系统中，光线的衰减开关默认是关闭的，它并不受距离的影响，而在建筑效果图的灯光实际应用中，应根据场景的照明情况来设置灯光衰减范围。3ds Max中灯光衰减有近处衰减、远处衰减和径向衰减三种类型，在效果图制作中我们主要使用的是远处衰减和径向衰减来表现场景的层次感和景深效果。

4. 材质过渡色、阴影色与光线的关系

在3ds Max中，当灯光照射到材质表面时，光线和材质表面垂直的区域形成高光色，在光线照射不到的地方形成阴影色，而其它区域就是过渡色。过渡色、阴影色都在不同程度的影响了材质固有的纹理色彩，也是区分材质表面纹理色彩的主要依据，因此，在效果图中设置灯光时，要特别关注材质自身的色彩纹理，通过灯光的合理设置，恰当地处理材质的过渡色和阴影色，才能有效地加强材质在视觉效果上的真实感。

5. 材质与光线颜色的关系

在真实场景中，多种不同颜色的光线交叉后，会呈现出完全不同的颜色效果。在3ds Max系统中，光线的色彩特性也是如此，当材质受到不同的颜色光照时，材质表面原有的颜色会发生很大变化，原有的材质颜色会根据光源的颜色而发生相应的变化，而且很多情况下不是简单的反射或透射某一单色光，而是形成一种复合色光。这些原理我们可以应用到建筑效果图的灯光设置中，利用各种灯光所发出的不同色彩光线与场景中的材质相互作用，营造不同的色彩氛围和视觉效果。

2.1.3 材质与环境的关系

在自然界中，我们所看到的颜色不仅仅由光的物理性质所决定，由于人类对颜色的感觉会受到周围环境的影响，光线照射到物体上，物体会吸收一些光色，并漫反射出一些光色。这些漫反射的光色到达我们眼睛后，就决定了物体看起来的颜色，如下左图所示。并且被反射的光还会影响它周围的物体颜色，如下右图所示。

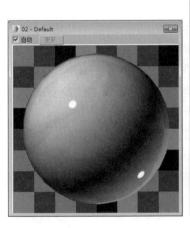

另外，光能传递的实质意义是在反射光色的时候，使光色以辐射的形式发散出去。所以，它周围的物体才会出现染色现象。

Section 2.2 VRay材质

VRay材质是3ds Max中应用最为广泛的材质类型，其功能非常强大，参数设置比较简单，最擅长用来制作带有反射或折射的材质，表现效果细腻真实，具有其他材质难以达到的效果，因此学好VRay材质的知识是很有必要的。

2.2.1 VRayMtl材质

VRay渲染器提供了一种特殊的材质—VrayMtl，在场景中使用该材质能够获得更加准确的物理照明、更快的渲染，并且反射和折射参数的调节更加方便。用户可以将VRayMtl材质应用不同的纹理贴图，来控制反射和折射，增加凹凸贴图和置换贴图，强制直接进行全局照明计算，选择用于材质的BRDF。

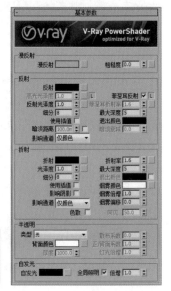

1. "基本参数"卷展栏

在选择VRayMtl材质之后，材质编辑器上的基本参数界面也会随之变换为VRay基本参数界面，如右图所示。

操作提示

只有在选择了VRay渲染器后，才能在材质/贴图浏览器中查看VRay渲染器所提供的材质类型。

其中，VRayMtl材质基本参数面板中主要参数作用介绍如下：

- **漫反射：**设置材质漫反射颜色。单击色块按钮，可以打开颜色选择器，还可以为漫反射通道指定一张纹理贴图，以此来替代漫反射颜色。
- **粗糙度：**该选项用于设置材质表面的粗糙程度。
- **反射：**单击该选项后的色块按钮，可以设置反射颜色，纯黑色表示没有反射，纯白色表示完全反射。颜色越浅，反射越强，如下左图所示。如果设置反射颜色，那么反射效果将带有一定的颜色趋向，单击右边的灰色色块按钮，可以使用贴图的灰度来控制反射的强弱。
- **高光光泽度：**用于设置材质的光泽度大小。值为0.0时，将会得到非常模糊的反射效果；值为1.0时，将会关掉高光光泽度。打开高光光泽度将会增加渲染时间。
- **反射光泽度：**设置反射的锐利效果。值为1时，物体呈现出完美的镜面反射效果，值越小反射就越显模糊。
- **细分：**控制光线的数量，做出有光泽的反射估算。当光泽度值为1.0时，VRay不会发射光线去估算光泽度。
- **菲涅尔反射：**当勾选该复选框并单击弹起■按钮，此选项会被激活，反射将具有真实世界的玻璃反射。下右图是勾选"菲涅尔反射"复选框前后的效果。值为1时，光线还未产生反射即消失，则材质不会产生反射。参数大于1的情况下，值越大，反射衰减得越弱，当达到一个较大值的时候，相当于关闭了菲涅尔反射。

- **最大深度：** 设置光线跟踪贴图的最大深度，控制光线的最大反射次数。光线跟踪更大的深度是贴图将返回黑色。
- **折射：** 是一个折射倍增器。通过调整颜色的明度来控制折射的透明度，颜色越亮对象越透明，反之则越不透明，如下图所示。调整颜色的色相也可以影响折射的颜色。还可以为折射通道指定一张纹理贴图，以此来替代折射颜色。

- **光泽度：** 用于设置材质的光泽度大小。值为0.0时，意味着得到非常模糊的折射效果；值为1.0时，将关掉光泽度，VRay将产生非常明显的完全折射效果。
- **细分：** 用于控制光线的数量，为光泽的折射进行估算。当光泽度值为1.0时，这个细分值会失去作用，VRay不会发射光线去估算光泽度。
- **折射率：** 用于设置材质的折射率。值越大折射效果越锐利，随着值的降低，折射的效果会变得越来越模糊。
- **烟雾颜色：** 即利用雾来填充折射的物体，雾的颜色将作为折射颜色。
- **烟雾倍增：** 雾的颜色倍增器，值越小产生的雾越透明，反之雾越厚。
- **厚度：** 用于设置半透明层的厚度。当光线跟踪深度达到一定的值时，VRay不会跟踪光线更下面的面。
- **灯光倍增：** 设置灯光分布的倍增器，计算经过材质内部被反射和折射的光线数量。
- **散布系数：** 用于控制置于半透明对象表面下散射光线的方向。值为0.0时，在表面下的光线将向各个方向上散射；值为1.0时，光线跟初始光线的方向一致。
- **正/背面系数：** 用于控制置于半透明物体表面下的散射光线中初始光线的数量，向前或向后散射并穿过这个物体。值为1.0意味着所有的光线将向前传播；值为0.0时，所有的光线将向后传播；值为0.5时，光线在向前/向后方向上分配各为一半。

2. "双向反射分布函数"卷展栏

该卷展栏主要用于控制物体表面的反射特性。当反射里的颜色不为黑色并且反射模糊值不为1时，这个功能才有效果，其参数面板如右图所示。

其中，各参数作用介绍如下：

- **类型：** VRayMtl提供了三种双向反射分布类型。其中，多面类型表现为高光区域最小；反射类型表现为高光区域次之；沃德类型表现为高光区域最大。
- **各向异性：** 用于控制高光区域的形状。
- **旋转：** 控制高光形状的角度。
- **UV矢量源：** 控制高光形状的轴线，也可以通过贴图通道来设置。

关于双向反射分布现象，在物理世界中到处可见。我们可以看到不锈钢锅底的高光形状是呈两个锥形，这是因为不锈钢表面是一个有规律的均匀凹槽，也就是常见的拉丝效果，当光照射到这样的表面上就会产生双向反射分布现象。

下图为现实世界中的不锈钢锅底效果，以及利用VRayMtl材质的基本参数和双向反射分布函数表现出的效果。

3. "选项"卷展栏

"选项"参数面板如右图所示。

其中，主要参数选项的作用介绍如下：

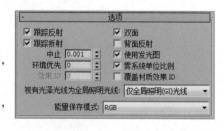

- **跟踪反射：** 控制光线是否最终反射。若不勾选该复选框，VRay将不渲染反射效果。
- **跟踪折射：** 控制光线是否追踪折射。若不勾选该复选框，VRay将不渲染折射效果。
- **双面：** 控制VRay渲染的面是否为双面。
- **背面反射：** 勾选该复选框时，将强制VRay计算反射物体的背面反射效果。

操作提示

由于VRayMtl材质的其他部分参数在做效果图时用的不多，所以这里就不多做介绍。如果读者有兴趣，可以参考官方的相关资料。

2.2.2 VR-灯光材质

VR-灯光材质是VRay渲染器提供的一种特殊材质，可以模拟物体发光发亮的效果，并且这种自发光效果可以对场景中的物体也产生影响，常用来制作顶棚灯带、霓虹灯、火焰等材质，这种材质在进行渲染的时候要比3ds Max默认的自发光材质快很多。

在使用VR-灯光材质的时候，还可以使用纹理贴图来作为自发光的光源。其"参数"卷展栏如右图所示。

其中，主要参数的作用介绍如下：

● **颜色：** 主要用于设置自发光材质的颜色，默认为白色。可单击色块按钮打开颜色选择器，选择所需的颜色。不同的灯光颜色对周围对象表面的颜色会有不同的影响，也可以为颜色后的通道添加适合的贴图，使之更加符合场景需求，下图分别为默认白色的自发光和添加了渐变贴图后的效果。

● **倍增：** 控制自发光的强度。默认值为1.0，值越大，灯光越亮，反之则越暗，下图为自发光强度值为5和50的渲染效果。

在设置VR-灯光材质时有个亮度计算公式，即渲染的发光亮度=R*M、G*M、B*M，其中R代表红色的值，G代表绿色的值，B代表蓝色的值，M代表倍增亮度值。同时，这个公式在线性曝光的结果是完全正确的，而其他曝光方式的计算和这个稍有不同，它们都根据自己内部函数的不同而不同。

- **不透明度：**可以给自发光的不透明度指定材质贴图，让材质产生自发光的光源。
- **背面发光：**勾选该复选框后，平面的亮面都可以发光。
- **补偿摄影机曝光：**控制相机曝光补偿的数值。
- **倍增颜色的不透明度：**勾选该复选框后，将按照控制不透明度与颜色相乘。

我们通常会使用VRay灯光材质来制作室内的灯带效果，这样可以避免场景中出现过多的VRay灯光，从而提高渲染的速度。

2.2.3　VR-材质包裹器

　　VR-材质包裹器能包裹在3ds Max默认材质的表面上，它的包裹功能主要用于指定每一个材质额外的表面参数，这些参数也可以在"物体设置"对话框中进行设置。不过，在VR-材质包裹器中的设置会覆盖掉以前3ds Max默认的材质，也就是将默认的材质转换为VRay的材质类型，其卷展栏如右图所示。

　　其中，各参数的作用介绍如下：
- **基本材质：**用于控制包裹材质中将要使用的基本材质的参数，可返回到上一层中进行编辑。
- **生成全局照明：**控制材质对象是否产生全局照明。勾选该复选框后，通过调整后面的强度倍增值可以控制材质产生全局照明的强度。数值越大，对象对周边环境的影响越大，产生的色溢现象将会越严重。
- **接收全局照明：**勾选该复选框，表示使用这个材质的对象将接受全局照明，同时可以通过设置强度倍增值决定材质对象接受全局照明的强度。数值越大，对象接受全局光照的程度越强，表面将会变得越亮；取消勾选该复选框，材质对象将不接受全局照明控制，仅接受直接光照。
- **生成焦散：**控制材质对象视口产生焦散特效。通过对具备反射或折射属性的材质进行控制，对于不具备反射或折射的对象此复选框无效。
- **接收焦散：**通过对可以产生焦散的对象放置的桌面或地面等表面材质进行控制，可以看到勾选此复选框后，将会出现焦散，取消勾选后将不出现焦散，只会出现阴影效果。
- **无光曲面：**勾选此复选框后，在进行直接观察的时候，将显示背景而不会显示基本材质，这样材质看上去类似3ds Max标准的不光滑材质。
- **阴影：**控制当前赋予包裹材质的物体是否产生阴影效果。勾选复选框后，物体将产生阴影。
- **影响Alpha：**勾选复选框后，渲染出来的阴影将带Alpha。

- **亮度：** 控制阴影的亮度。
- **反射量：** 控制当前赋予包裹材质物体的反射数量。
- **折射量：** 控制当前赋予包裹材质物体的折射数量。
- **全局照明（GI）量：** 控制当前赋予包裹材质物体的GI总量。

2.2.4　VRay其他材质

　　VRay材质类型非常多，除了上面介绍的几种材质外，还有16种材质，这里简单介绍一下，材质列表如右图所示。

- **VR-Mat-材质：** 该材质可以控制材质编辑器。
- **VR-凹凸材质：** 该材质可以控制材质凹凸效果。
- **VR-快速SSS2：** 可以制作半透明的SSS物体材质效果，如皮肤。
- **VR-散布体积：** 该材质主要用于散布体积的材质效果。
- **VR-材质包裹器：** 该材质可以有效避免色溢现象。
- **VR-模拟有机材质：** 该材质可以呈现出V-Ray程序的DarkTree着色器效果。
- **VR-毛发材质：** 主要用于渲染头发和皮毛的材质。
- **VR-混合材质：** 常用来制作两种材质混合在一起的效果，比如带有花纹的玻璃。
- **VR-灯光材质：** 可以制作发光物体的材质效果。
- **VR-点粒子材质：** 该材质主要用于点粒子的材质效果。
- **VR-矢量置换烘焙：** 可以制作矢量的材质效果。
- **VR-蒙皮材质：** 该材质可以制作蒙皮的材质效果。
- **VR-覆盖材质：** 该材质可以让用户更广泛地控制场景的色彩融合、反射、折射等。
- **VR-车漆材质：** 主要用来模拟金属汽车漆的材质。
- **VR-雪花材质：** 该材质可以模拟制作雪花的材质效果。
- **VRay2SidedMtl：** 可以模拟带有双面属性的材质效果。
- **VRayGLSLMtl：** 可以用来加载GLSL着色器。
- **VRayMtl：** VRayMtl材质是使用范围最为广泛的一种材质，常用于制作室内外效果图。其中制作反射和折射的材质非常出色。
- **VRayOSLMtl：** 可以控制着色语言的材质效果。

Section 2.3　VRay毛皮

　　VRay毛皮是一种能模拟真实物理世界中简单的毛发效果的功能，虽然效果简单，但是用途广泛，常用来表现毛巾、衣服、草地等效果。

1."参数"卷展栏

该卷展栏中各选项的作用介绍如下:

（1）"源对象"选项组

● **源对象:** 用来选择一个物体产生毛发,单击该按钮可以在场景中选择想要产生毛发的物体。

● **长度:** 控制毛发的长度,值越大生成的毛发就越长。

● **厚度:** 控制毛发的粗细,值越大生成的毛发就越粗。

● **重力:** 用来模拟毛发受重力影响的情况。正值表示重力方向向上,数字越大,重力效果越强;负值表示重力方向向下,数字越小,重力效果越强;当值为0时,表示不受重力的影响。

● **弯曲:** 表示毛发的弯曲程度,值越大越弯曲。

● **锥度:** 控制毛发锥化的程度。

（2）"几何体细节"选项组

● **边数:** 当前这个参数还不可用,在以后的版本中将开发多边形的毛发。

● **结数:** 用来控制毛发弯曲时的光滑程度。值越大表示段数越多,弯曲的毛发越光滑。

● **平面法线:** 该复选框用于控制毛发的呈现方式。当勾选该复选框时,毛发将以平面方式呈现;取消勾选该复选框时,毛发将以圆柱体方式呈现。

（3）"变化"选项组

● **方向参量:** 控制毛发在方向上的随机变化。值越大,表示变化越强烈,0表示不变化。

● **长度参量:** 控制毛发长度的随机变化。1表示变化强烈,0表示不变化。

● **厚度参量:** 控制毛发粗细的随机变化。1表示变化强烈,0表示不变化。

● **重力参量:** 控制毛发受重力影响的随机变化。1表示变化越强烈,0表示不变化。

（4）"分布"选项组

● **每个面:** 用来控制每个面产生的毛发数量,因为物体的每个面并不都是均匀的,所以渲染出来的毛发也不均匀。

● **每区域:** 用来控制每单位面积中的毛发数量,这种方式下渲染出来的毛发比较均匀。

● **参考帧:** 指定源物体获取到计算面大小的帧,获取的数据将贯穿整个动画过程。

（5）"放置"选项组

● **整个对象:** 单击该单选按钮后,全部的面都将产生毛发。

● **选定的面:** 单击该单选按钮后,只有被选择的面才能产生毛发。

● **材质ID:** 单击该单选按钮后,只有指定了材质ID的面才能产生毛发。

（6）"贴图"选项组

● **生成世界坐标:** 所有的UVW贴图坐标都是从基础物体中获取,勾选该复选框,W坐标可以修改毛发的偏移量。

● **通道:** 指定在W坐标上将被修改的通道。

2."贴图"卷展栏

该卷展栏中各选项的作用介绍如下:

- **基础贴图通道：** 选择贴图的通道。
- **弯曲方向贴图：** 用彩色贴图来控制毛发的弯曲方向。
- **初始方向贴图：** 用彩色贴图来控制毛发的根部生长方向。
- **长度贴图：** 用灰度贴图来控制毛发的长度。
- **厚度贴图：** 用灰度贴图来控制毛发的粗细。
- **重力贴图：** 用灰度贴图来控制毛发受重力的影响。
- **弯曲贴图：** 用灰度贴图来控制毛发的弯曲程度。
- **密度贴图：** 用灰度来控制毛发的生长密度。

3."视口显示"卷展栏

该卷展栏中各选项的作用介绍如下：

- **视口预览：** 勾选该复选框时，可以在视图里预览毛发的大致情况。值越大，毛发生长情况的预览越详细。
- **最大毛发：** 数值越大，可以越清楚地观察毛发的生长情况。
- **图标文本：** 勾选该复选框后，可以在视图中显示VRay毛皮的图标和文字。

Section 2.4 常用贴图

使用VRay材质，可以应用不同的纹理贴图，控制其反射和折射，增加凹凸贴图和朱鹮贴图，强制直接进行全局照明计算，从而获得逼真的渲染效果。

3ds Max常用的贴图类型有很多，贴图需要添加到相应的通道上才可以使用。在材质编辑器中打开"贴图"卷展栏，就可以在任意通道中添加贴图来表现物体的属性，如下左图所示。在打开的"材质/贴图浏览器"面板中，用户可以看到有很多的贴图类型，包括2D贴图、3D贴图、颜色修改器贴图、反射和折射贴图以及Vray贴图，如下右图所示。

2.4.1　位图贴图

位图贴图是由彩色像素的固定矩阵生成的图像，可以用来创建多种材质，也可以使用动画或视频文件替代位图来创建动画材质。位图贴图模拟的材质效果如下左图所示，位图贴图的参数卷展栏如下右图所示。

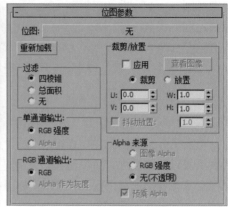

- **位图：** 用于选择位图贴图，通过标准文件浏览器选择位图后，该按钮上会显示位图的路径名称。
- **重新加载：** 对使用相同名称和路径的位图文件进行重新加载。在绘图程序中更新位图后，无须使用文件浏览器重新加载该位图。
- **四棱锥：** 四棱锥过滤方法，在计算的时候占用较少的内存，运用最为普遍。
- **总面积：** 总面积过滤方法，在计算的时候占用较多的内存，但能产生比四棱锥过滤方法更好的效果。
- **RGB强度：** 使用贴图的红、绿、蓝通道强度。
- **Alpha：** 使用贴图Alpha通道的强度。
- **应用：** 勾选该复选框，可以应用裁剪或减小尺寸的位图。
- **裁剪/放置：** 控制贴图的应用区域。

操作提示

"过滤"选项组用于选择抗锯齿位图中平均使用的像素方法。"Alpha来源"选项组中的参数用于根据输入的位图确定输出Alpha通道的来源。

2.4.2　衰减贴图

衰减贴图可以模拟对象表面由深到浅或者由浅到深的过渡效果，如下左图所示。在创建不透明的衰减效果时，衰减贴图提供了更大的灵活性，参数面板如下右图所示。

- **前:侧：** 用来设置衰减贴图的前和侧通道参数。
- **衰减类型：** 设置衰减的方式，共有垂直/平行、朝向/背离、Fresnel、阴影/灯光、距离混合5种选项。
- **衰减方向：** 设置衰减的方向。
- **对象：** 从场景中拾取对象并将其名称放到按钮上。

- **覆盖材质IOR：** 允许更改为材质所设置的折射率。
- **折射率：** 设置一个新的折射率。
- **近端距离：** 设置混合效果开始的距离。
- **远端距离：** 设置混合效果结束的距离。
- **外推：** 勾选该复选框后，效果继续超出"近端"和"远端"距离。

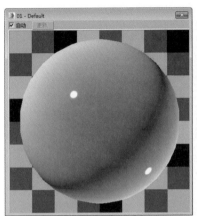 

操作提示

将衰减贴图指定为不透明度贴图，可以制作出类似于X光射线的虚幻效果。

在"衰减参数"卷展栏中，用户可以对衰减贴图的两种颜色进行设置，并且提供了右图所示的5种衰减类型，默认状态下使用的是"垂直/平行"选项。

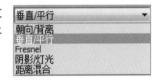

操作提示

Fresnel类型是基于折射率来调整贴图的衰减效果，在面向视图的曲面上产生暗淡反射，在有角的面上产生较为明亮的反射，创建像在玻璃面上一样的高光。

2.4.3　渐变贴图

渐变贴图可从一种颜色到另一种颜色进行明暗过渡，也可以为渐变指定两种或三种颜色，效果如下左图所示，参数面板如下右图所示。

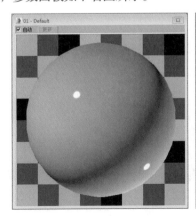 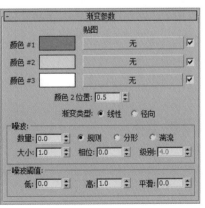

- **颜色#1-3：** 设置渐变在中间进行插值的三个颜色。显示颜色选择器，可以将颜色从一个色样拖放到另一个色样中。
- **贴图：** 显示贴图而不是颜色。贴图采用混合渐变颜色相同的方式来混合到渐变中。可以在每个窗口中添加嵌套程序，以生成5色、7色、9色或更多的渐变色。
- **颜色2位置：** 控制中间颜色的中心点。
- **渐变类型：** 选择"线性"单选按钮，将基于垂直位置插补颜色。

操作提示

通过将一个色样拖动到另一个色样上可以交换颜色，单击"复制或交换颜色"对话框中的"交换"按钮完成操作。若需要反转渐变的总体方向，则可交换第一种和第三种颜色。

2.4.4 平铺贴图

平铺贴图可以使用颜色或材质贴图创建砖或其他平铺材质。通常包括已定义的建筑砖图案，也可以自定义图案，效果如下左图所示，参数设置面板如下右图所示。

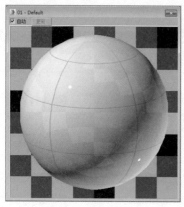 

- **预设类型：** 列出定义的建筑瓷砖砌合、图案、自定义图案，这样可以通过选择"高级控制"和"堆垛布局"卷展栏中的选项来设计自定义的图案。

操作提示

只有在"标准控制"卷展栏>图案设置>预设类型中选择"自定义平铺"选项时，"堆垛布局"卷展栏才处于激活状态。

- **显示纹理样例：** 更新并显示贴图指定给瓷砖或砖缝的纹理。
- **纹理：** 控制用于瓷砖的当前纹理贴图的显示。
- **水平/垂直数：** 控制行/列的瓷砖数。
- **颜色变化：** 控制瓷砖的颜色变化。
- **淡出变化：** 控制瓷砖的淡出变化。
- **纹理：** 控制砖缝的当前纹理贴图的显示。
- **水平/垂直间距：** 控制瓷砖间的水平/垂直砖缝的大小。
- **粗糙度：** 控制砖缝边缘的粗糙度。

操作提示

默认状态下，贴图的水平间距和垂直间距是锁定在一起的，用户可以根据需要解开锁定来单独对它们进行设置。

2.4.5 噪波贴图

噪波贴图可以产生随机的噪波波纹纹理。常使用该贴图制作凹凸效果，如水波纹、草地、墙面、毛巾等，效果如下左图所示。其参数面板如下右图所示。

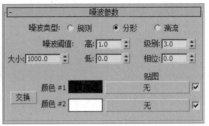

- **噪波类型：** 共有三种类型，分别是规则、分形和湍流。
- **大小：** 以3ds Max为单位设置噪波函数的比例。
- **噪波阀值：** 控制噪波的效果。
- **级别：** 决定有多少分形能量用于分形和湍流噪波阀值。
- **相位：** 控制噪波函数的动画速度。
- **交换：** 交换两个颜色或贴图的位置。
- **颜色#1/颜色#2：** 从这两个主要噪波颜色中选择，通过所选的两种颜色来生成中间颜色值。

操作提示

分形类型使用分形算法来计算噪波效果。当选择了分形类型后，级别参数用来控制噪波的迭代次数。

2.4.6 烟雾贴图

烟雾贴图可以创建随机的、形状不规则的图案，类似于烟雾的效果，如下左图所示。其参数面板如下右图所示。

- **大小：** 更改烟雾团的比例。
- **迭代次数：** 用于控制烟雾的质量，参数越高烟雾效果越精细。
- **相位：** 转移烟雾图案中的湍流。
- **指数：** 使代表烟雾的颜色#2更加清晰、更加缭绕。
- **交换：** 交换颜色。
- **颜色#1：** 表示效果的无烟雾部分。
- **颜色#2：** 表示烟雾。

操作提示

烟雾贴图一般用于设置动画的不透明贴图，以模拟一束光线中的烟雾效果或其他云状流动贴图效果。

2.4.7 棋盘格贴图

棋盘格贴图是将两色的棋盘图案应用于材质，默认贴图是黑白方块图案。该贴图效果如下左图所示，参数设置面板如下右图所示。

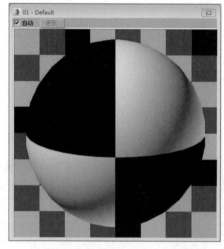

- **柔化：** 模糊方格之间的边缘，很小的柔化值就能生成很明显的模糊效果。
- **交换：** 单击该按钮可交换方格的颜色。
- **颜色：** 用于设置方格的颜色，允许使用贴图代替颜色。
- **贴图：** 选择要在棋盘格颜色区内使用的贴图。

2.4.8 VR-边纹理贴图

在VRayMtl材质中，使用一个非常简单的VR-边纹理贴图就能够制作出近似3ds Max线框材质的效果，它能让我们创建一些标准3ds Max无法完成的有趣线框效果，其参数面板如右图所示。

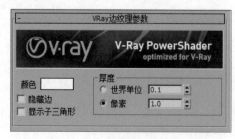

- **颜色：** 控制线框的颜色变化，值得注意的是线框材质渲染出来的线框与对象的网格分布是一一对应的。
- **隐藏边：** 勾选该复选框，将渲染出对象的所有线框可视。
- **厚度：** 主要包括2个单位，世界单位是以系统单位为标准来控制网格线框的粗细，值越大线框越粗；像素是以像素为单位来控制线框的粗细，值越大线框越细。

2.4.9　VR-污垢贴图

VR-污垢贴图作为一种程序贴图纹理，能够基于对象表面的凹凸细节混合任意两种颜色和纹理，它有非常多的用途，从模拟陈旧、受侵蚀的材质到脏旧置换的运用，其参数面板如下图所示。

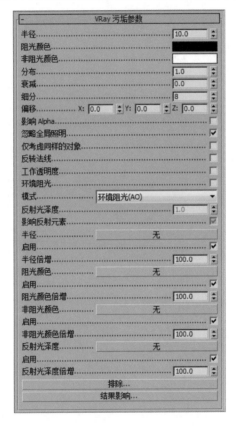

- **半径：** 控制污垢侵蚀的半径。半径值增大，污垢的扩散范围也随之增大。
- **衰减：** 通过设置该参数，可以对污垢进行消弱，值越大污垢越少。
- **细分：** 控制污垢的品质。值越小，品质越差，噪点多，耗时短；值越大，品质越好，耗时越长。当然有时候越粗糙的污垢模拟的脏旧效果反而好些，这些需要自己把握。
- **偏移：** 调整污垢分别在X、Y、Z轴上的偏移。偏移值与污垢和模型的方向有关。
- **忽略全局照明：** 勾选此复选框后，渲染时将会忽略周围对象对模型的全局照明影响。
- **仅考虑同样的对象：** 勾选此复选框后，系统只考虑场景中脏旧材质对模型的影响，对模型的接触面有所影响。
- **反转法线：** 勾选此复选框后，污垢附近的面变黑，而污垢本身则反白。
- **半径：** 单击该按钮，可以指定贴图纹理范围。

下图为添加了VR-污垢贴图后，细分值为1和细分值为10的效果。

2.4.10　VRayHDRI贴图

VRayHDRI贴图是比较特殊的一种贴图，可以模拟真实的HDRI环境，常用于反射或折射较为明显的场景，下图为使用VRayHDRI贴图的效果。

 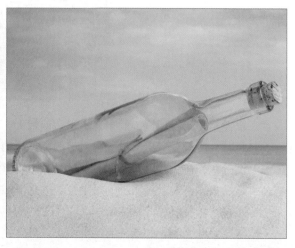

该贴图不仅具有红、黄、蓝三色通道，还具有亮度通道，因此可以对场景产生颜色和亮度的多方面影响，并且HDRI支持大多数的环境贴图方式，同时只支持*.hdr和*.rad两种文件格式，其参数面板如下图所示。

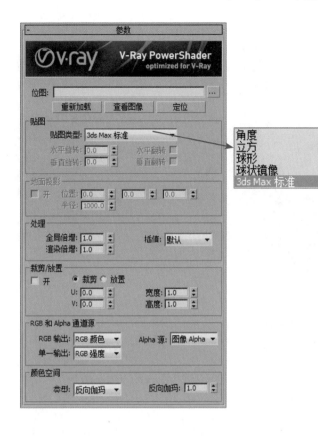

（1）位图

单击后面的"浏览"按钮可以指定一张HDR贴图。

（2）贴图类型

用于控制HDRI的贴图方式，包括以下5种类型：

- **角度贴图：** 主要用于使用了对角拉伸坐标方式的HDRI。
- **立方贴图：** 主要用于使用了立方体坐标方式的HDRI。
- **球形贴图：** 主要用于使用了球形坐标方式的HDRI。
- **球状镜像贴图：** 主要用于使用了对单个物体指定环境贴图。
- **3ds Max标准贴图：** 主要用于对单个物体指定环境贴图。

（3）水平旋转

用于控制HDRI在水平方向上的旋转角度。

（4）水平翻转

用于控制HDRI在水平方向上翻转。

（5）垂直旋转

用于控制HDRI在垂直方向上的旋转角度。

- **全局倍增：** 用于控制HDRI的亮度。
- **渲染倍增：** 设置渲染时的光强度倍增。
- **插值：** 用于选择插值方式，包括双线性、双立体、四次幂和默认等选项。

Chapter **3**
画龙点睛之笔
——灯光与阴影

本章学习要点

3ds Max灯光类型
VRay灯光类型
光度学灯光与光域网的使用
VR-灯光的使用
VR太阳和VR天空
VRay阴影的使用

Section 3.1 3ds Max灯光类型及参数

　　3ds Max中的灯光有很多属性，其中包括颜色、形状、方向和衰减等。选择合适的灯光类型，设置准确的灯光参数，可以模拟出真实的照明效果。通过多种类型灯光的搭配使用，还可以模拟出精致的灯光层次。按照灯光层次，可以将场景中的光源分为关键光、补充光以及背景光三种。

3.1.1 标准灯光

　　标准灯光是基于计算机对象模拟的灯光，如家用或办公室灯、舞台和电影工作时使用的灯光设备以及太阳光本身。不同种类的灯光对象可用不同的方式投影灯光，来模拟真实世界不同种类的光源。3ds Max中的标准灯光主要包括聚光灯、平行光、泛光灯和天光等，如下图所示。

1. 聚光灯

　　聚光灯是3ds Max中最常用的灯光类型，通常是由一个点向一个方向照射。聚光灯包括目标聚光灯和自由聚光灯两种，但照明原理都和闪光灯类似，即投射聚集的光束。其中自由聚光灯没有目标对象，下图为目标聚光灯的效果。

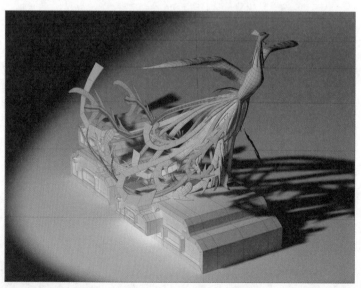

　　聚光灯的主要参数包括常规参数、强度/颜色/衰减、聚光灯参数、高级效果、阴影参数、阴影贴图参数等，如下图所示。

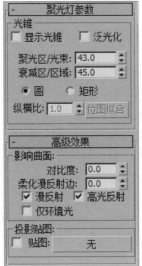
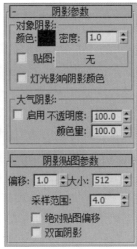

（1）"常规参数"卷展栏

该卷展栏主要用于控制标准灯光的开启与关闭以及阴影的控制，如右图所示。其中各选项的作用介绍如下：

- **灯光类型：** 共有三种类型可供选择，分别是聚光灯、平行光和泛光灯。
- **启用：** 控制是否开启灯光。
- **目标：** 如果勾选该复选框，灯光将成为目标。
- **阴影：** 控制是否开启灯光阴影。
- **使用全局设置：** 如果勾选该复选框，该灯光投射的阴影将影响整个场景的阴影效果。如果取消勾选该复选框，则必须选择渲染器使用哪种方式来生成特定的灯光阴影。
- **阴影类型：** 切换阴影类型以得到不同的阴影效果。
- **排除：** 将选定的对象排除于灯光效果之外。

（2）"强度/颜色/衰减"卷展栏

在标准灯光的"强度/颜色/衰减"卷展栏中，可以对灯光最基本的属性进行设置，如右图所示。

其中，各选项的作用介绍如下。

- **倍增：** 该参数可将灯光功率放大一个正或负的量。
- **颜色：** 单击色块按钮，可以设置灯光发射光线的颜色。
- **衰退：** 用于设置灯光衰退的类型和起始距离。
- **类型：** 指定灯光的衰退方式。
- **开始：** 设置灯光开始衰退的距离。
- **显示：** 在视口中显示灯光衰退的效果。
- **近距衰减：** 该选择项组提供了控制灯光强度淡入的参数。
- **远距衰减：** 该选择项组提供了控制灯光强度淡出的参数。

（3）"聚光灯参数"卷展栏

该参数卷展栏主要控制聚光灯的聚光区及衰减区，如右图所示。

其中，各参数选项的作用介绍如下。

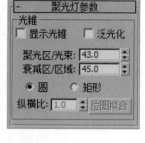

- **显示光锥：**该复选框用于控制是否显示圆锥体。
- **泛光化：**勾选该复选框后，灯光在所有方向上投影灯光。但是投影和阴影只发生在其衰减圆锥体内。
- **聚光区/光束：**调整灯光圆锥体的角度。
- **衰减区/区域：**调整灯光衰减区的角度。
- **圆/矩形：**确定聚光区和衰减区的形状。如果想要一个标准圆形的灯光，应选择"圆"单选按钮；如果想要一个矩形的光束（如灯光通过窗户或门投影），应选择"矩形"单选按钮。
- **纵横比：**设置矩形光束的纵横比。
- **位图拟合：**如果灯光的投影纵横比为矩形，应该设置纵横比以匹配特定的位图。当灯光用做投影灯时，该按钮非常有用。

（4）"阴影参数"卷展栏

所有的标准灯光类型都具有相同的阴影参数设置，通过设置阴影参数，可以使对象投影产生密度不同或颜色不同的阴影效果。阴影参数直接在"阴影参数"卷展栏中进行设置，如右图所示。

其中，各参数选项的作用介绍如下：

- **颜色：**单击该色块按钮，可以设置灯光投射的阴影颜色，默认为黑色。
- **密度：**用于控制阴影的密度，值越小阴影越淡。
- **贴图：**使用贴图可以应用各种程序贴图与阴影颜色进行混合，产生更复杂的阴影效果。
- **灯光影响阴影颜色：**勾选该复选框灯光颜色将与阴影颜色混合在一起。
- **大气阴影：**通过设置该选项组中的参数，可以使场景中的大气效果产生投影，并能控制投影的不透明度和颜色量。
- **不透明度：**调节阴影的不透明度。
- **颜色量：**调整颜色和阴影颜色的混合量。

需要强调的是，自由聚光灯和目标聚光灯的参数基本是一致的，唯一区别在于自由聚光灯没有目标点，因此只能通过旋转来调节灯光的角度。

2. 平行光

平行光包括目标平行灯和自由平行灯两种，主要用于模拟太阳在地球表面投射的光线，即向一个方向投射的平行光。目标平行光是具体方向性的灯光，常用来模拟太阳光的照射效果，当然也可以模拟美丽的夜色，下图为目标平行光的应用效果。

平行光的主要参数包括常规参数、强度/颜色/衰减、平行光参数、高级效果、阴影参数、阴影贴图参数。该参数与聚光灯参数基本一致，这里将不再赘述，如下图所示。

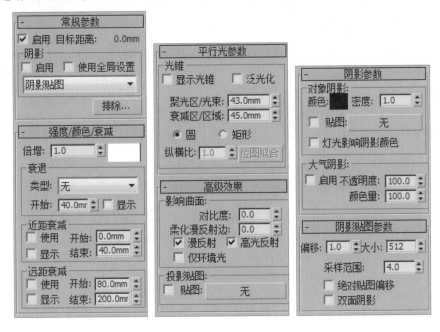

3. 泛光灯

泛光灯的特点是以一个点为发光中心，向外均匀地发散光线，常用来制作灯泡灯光、蜡烛光等，下左图为泛光灯的应用效果。

泛光灯的主要参数包括常规参数、强度/颜色/衰减、阴影参数、高级效果和阴影贴图参数，如下右图所示。其参数含义与聚光灯参数基本一致，这里将不再重复介绍。

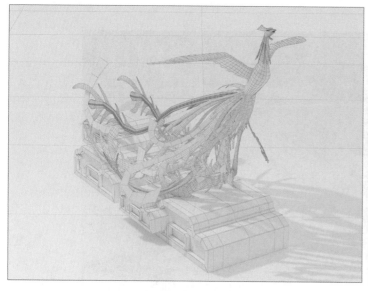 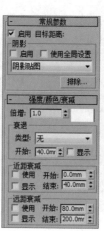 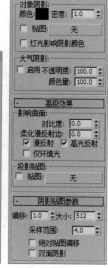

4. 天光

天光灯通常用来模拟较为柔和的灯光效果，也可以设置天空的颜色或将其指定为贴图，对天空建模作为场景上方的圆屋顶。右图为参数卷展栏。

其中，各参数选项的作用介绍如下。

- **启用：** 启用或禁用天光。
- **倍增：** 将灯光的功率放大一个正或负的量。
- **使用场景环境：** 使用环境面板上设置的环境给光上色。
- **天空颜色：** 单击色块按钮可打开颜色选择器，并选择为天光染色。
- **贴图控件：** 使用贴图影响天光颜色。
- **投射阴影：** 使天光投射阴影，默认为禁用。
- **每采样光线数：** 用于计算落在场景中指定点上天光的光线数。
- **光线偏移：** 对象可以在场景中指定点上投射阴影的最短距离。

3.1.2 光度学灯光

光度学灯光使用光度学（光能）值可以更精确地定义灯光，就像在真实世界中一样。用户可以创建具有各种分布和颜色特性灯光，或导入照明制造商提供的特定光度学文件。光度学灯光包括目标灯光、自由灯光和mr天空入口三种灯光类型。

1. 目标灯光

目标灯光是在效果图制作中常用的一种灯光类型，常用来模拟制作射灯、筒灯等，可以增大画面的灯光层次。

目标灯光的主要参数包括常规参数、分布（光度学Web）、强度/颜色/衰减、图形/区域阴影、阴影参数、VRay阴影参数和高级效果，如下图所示。

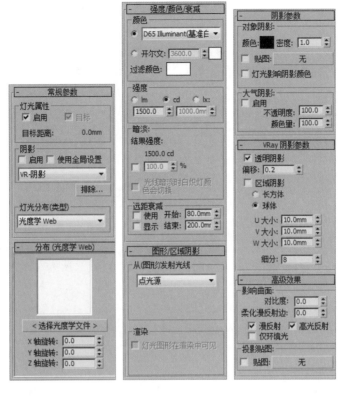

（1）"常规参数"卷展栏

该卷展栏中的参数用于启用和禁用灯光及阴影，并排除或包含场景中的
对象，如右图所示。在该卷展栏中，用户还可以设置灯光分布的类型。

其中，各参数选项的作用介绍如下。

- **启用：** 启用或禁用灯光。
- **目标：** 勾选该复选框后，目标灯光才有目标点。
- **目标距离：** 用来显示目标的距离。
- **（阴影）启用：** 控制是否开启灯光的阴影效果。
- **使用全局设置：** 勾选该复选框后，该灯光投射的阴影将影响整个场景
  的阴影效果。
- **阴影类型：** 设置渲染场景时使用的阴影类型。包括高级光线跟踪、区域阴影、阴影贴图、光
  线跟踪阴影、VR阴影和VR阴影贴图几种类型。
- **排除：** 将选定的对象排除于灯光效果之外。
- **灯光分布（类型）：** 设置灯光的分布类型，包括光度学Web、聚光灯、
  统一漫反射和统一球形4种类型。

（2）"分布（光度学Web）"卷展栏

当使用光域网分布创建或选择光度学灯光时，"修改"面板上将显示"分
布（光度学Web）"卷展栏，如右图所示，使用这些参数选择光域网文件并
调整web的方向。

其中，各参数选项的含义介绍如下。

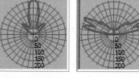

- **Web图：** 在选择光度学文件之后，该缩略图将显示灯光分布图案的示意图，如右图所示。
- **选择光度学文件：** 单击此按钮，可选择用作光度学Web的文件，该文件可采用IES、LTLI或CIBSE格式。一旦选择某一个文件后，该按钮上会显示文件名。
- **X轴旋转：** 沿着X轴旋转光域网。
- **Y轴旋转：** 沿着Y轴旋转光域网。
- **Z轴旋转：** 沿着Z轴旋转光域网。

（3）"强度/颜色/衰减"卷展栏

通过"强度/颜色/衰减"卷展栏，可以设置灯光的颜色和强度，如右图所示。此外，用户还可以设置衰减极限。

其中，各选项的作用介绍如下。

- **灯光选项：** 拾取常见灯规范，使之近似于灯光的光谱特征。默认为D65 Illuminant基准白色。
- **开尔文：** 通过调整色温微调器设置灯光的颜色。
- **过滤颜色：** 使用颜色过滤器模拟置于光源上的过滤色的效果。
- **强度：** 在物理数量的基础上指定光度学灯光的强度或亮度。
- **结果强度：** 用于显示暗淡所产生的强度，并使用与强度组相同的单位。
- **暗淡百分比：** 勾选该复选框后，该值会指定用于降低灯光强度的倍增。如果值为100%，则灯光具有最大强度；百分比较低时，灯光较暗。
- **远距衰减：** 用户可以设置光度学灯光的衰减范围。
- **使用：** 启用灯光的远距衰减。
- **开始：** 设置灯光开始淡出的距离。
- **显示：** 在视口中显示远距衰减范围设置。
- **结束：** 设置灯光减为0的距离。

操作提示

如果场景中存在大量的灯光，则使用"远距衰减"功能可以限制每个灯光所照场景的比例。例如，如果办公区域存在几排顶上照明，则通过设置"远距衰减"的范围，可在处于渲染接待区域而非主办公区域时，保持无需计算灯光照明。再如，楼梯的每个台阶上可能都存在嵌入式灯光，如同剧院所布置的一样。将这些灯光的"远距衰减"值设置为较小的值，可在渲染整个剧院时无需计算它们各自（忽略）的照明。

---

2. 自由灯光

自由灯光与目标灯光相似，唯一的区别就在于自由灯光没有目标点。右图为自由灯光的"常规参数"卷展栏。

操作提示

用户可以使用变换工具或者灯光视口定位灯光对象和调整其方向。也可以使用"放置高光"命令来调整灯光的位置。

---

3. mr天空入口

mr天空入口对象提供了一种聚集内部场景中现有天空照明的有效方法，无需高度聚集或全局照明设置（这会使渲染时间过长）。实际上，入口就是一个区域灯光，从环境中导出其亮度和颜色。该灯光包括"mr天光入口参数"和"高级参数"两个卷展栏。

（1）"mr天光入口参数"卷展栏

该参数卷展栏用于控制入口的强度、过滤色等基本参数，如右图所示。其中，各参数选项的作用介绍如下。

- **启用：** 切换来自入口的照明。禁止时，入口对场景照明没有任何效果。
- **倍增：** 增加灯光功率。
- **过滤颜色：** 渲染来自外部的颜色。
- **（阴影）启用：** 切换由入口灯光投影的阴影。
- **从"户外"：** 勾选该复选框，从入口外部的对象投射阴影，也就是说，在远离箭头图标的一侧。
- **阴影采样：** 由入口投影阴影的总体质量。如果渲染的图像呈颗粒状，请增加此值。
- **长度/宽度：** 使用微调器设置长度和宽度。
- **翻转光通量方向：** 确定灯光穿过入口方向。箭头必须指向入口内部，这样才能从天空或环境投影光。如果指向外部，请切换此设置。

（2）"高级参数"卷展栏

该卷展栏用于控制入口的可见性及入口光源的颜色源，如右图所示。其中，各选项的作用介绍如下。

- **对渲染器可见：** 勾选该复选框，mr天空入口对象将出现在渲染的图像中。
- **透明度：** 过滤窗口外部的视图。
- **颜色源：** 设置mr天空入口从中获得照明的光源。
- **重用现有天光：** 使用天光。
- **使用场景环境：** 针对照明颜色使用环境贴图。
- **自定义：** 用户可以针对照明颜色使用任何贴图。

3.1.3　光域网

光域网是模拟真实场景中灯光发光的分布形状而制作的一种特殊的光照文件，是结合光能传递渲染使用的。通俗地讲，可以把光域网理解为灯光贴图。光域网文件的后缀名为.ies，用户可以从网上进行下载。利用光域网，能使渲染出来的射灯灯光效果更加真实，层次更明显，效果更好。那么光域网怎么使用？下面将对其使用方法进行详细介绍：

01 在标准灯光创建命令面板中单击目标灯光按钮，在场景中创建一个目标灯光，如下图所示。

02 进入修改命令面板，在"常规参数"卷展栏中设置灯光分布类型为"光度学Web"，下方会多出一个"分布（光度学Web）"卷展栏，如下图所示。

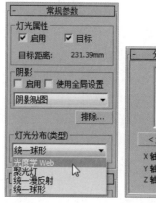

03 单击"选择光度学文件"按钮，打开"打开光域Web文件"对话框，选择合适的光域Web文件即可，如下图所示。

04 光域网文件是.ies格式，我们并不能看到效果，但是在下载的光域网文件夹中能够找到各个光域网文件所对应渲染出来的效果图片，如下图所示。根据场景需要及灯光性质选择正确的光域网即可。

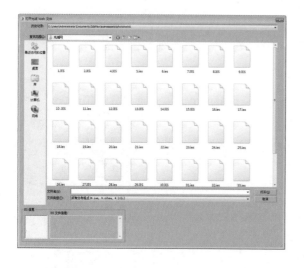

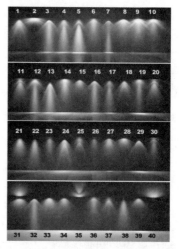

Section 3.2 VRay灯光类型及参数

VRay渲染器除了支持3ds Max默认灯光类型之外，还提供了VRay渲染器专属的灯光类型VR-光源和VR-太阳，VR-灯光可以模拟出任何灯光环境，使用起来比3ds Max默认灯光更为简便，达到的效果也更加逼真。

3.2.1 VR-灯光

VR灯光是VRay渲染器自带的灯光之一，它使用的频率比较高。默认的光源形状为具有光源指向的矩形光源，如下左图所示。下右图为VR灯光参数卷展栏。

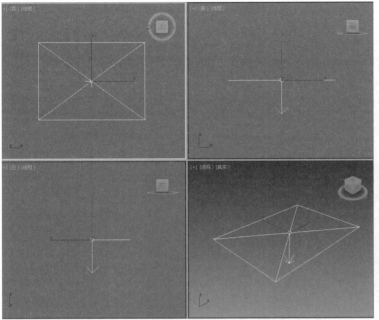

上述参数卷展栏中，各选项的作用介绍如下：

- **开：**灯光的开关。勾选此复选框，灯光才被开启。
- **排除：**可以将场景中的对象排除到灯光的影响范围外。
- **类型：**有4种灯光类型可以选择。分别是平面、穹顶、球体以及网格。
- **单位：**VRay的默认单位，以灯光的亮度和颜色来控制灯光的光照强度。
- **颜色：**光源发光的颜色。
- **倍增：**用于控制光照的强弱。
- **半长：**面光源长度的一半。
- **半宽：**面光源宽度的一半。
- **双面：**控制是否在面光源的两面都产生灯光效果。
- **不可见：**用于控制是否在渲染的时候显示VRay灯光的形状。
- **不衰减：**勾选此复选框，灯光强度将不随距离而减弱。
- **天光入口：**勾选此复选框，将把VRay灯光转化为天光。
- **存储发光图：**勾选此复选框，同时为发光贴图命名并指定路径，这样VR灯光的光照信息将保存。在渲染光子时会很慢，但最后可直接调用发光贴图，减少渲染时间。
- **影响漫反射：**控制灯光是否影响材质属性的漫反射。
- **影响高光：**控制灯光是否影响材质属性的高光。
- **细分：**控制VRay灯光的采样细分。
- **阴影偏移：**控制物体与阴影偏移距离。
- **使用纹理：**可以设置HDRI贴图纹理作为穹顶灯的光源。
- **分辨率：**用于控制HDRI贴图纹理的清晰度。
- **目标半径：**当使用光子贴图时，确定光子从哪里开始发射。
- **发射半径：**当使用光子贴图时，确定光子从哪里结束发射。

操作提示

VR-灯光3种类型的灯光对象的特点如下：平面灯光和球体灯光都可以在一定亮度倍增值的情况下，通过调整灯光对象自身大小再次控制灯光的强弱。穹顶灯光不适合在室内空间中使用。

这3种灯光类型，都是通过设置选项组中的细分值决定光照效果的品质，通过阴影偏移来控制物体的阴影渲染偏移程度。将各参数设置得大一些，图面的渲染品质将有所提高，但是渲染时间会增长。穹顶灯光的位置和大小对最终的渲染图的灯光效果没有任何影响，只有旋转z轴，灯光才会对场景的光照效果有影响。

在此，将通过简单的场景测试来对VR灯光的一些重要参数进行说明，下图为灯光测试场景。

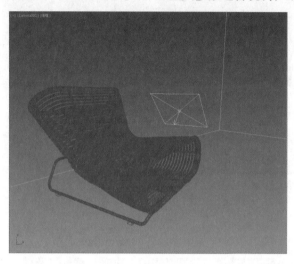

渲染场景，下图为未勾选"双面"复选框和勾选了"双面"复选框的效果。该选项用来控制灯光是否双面发光。

下图为未勾选"不可见"复选框和勾选了"不可见"复选框的效果。该选项控制是否显示VR灯光的形状。

下图为未勾选"不衰减"复选框和勾选了"不衰减"复选框的效果。勾选该复选框后，光线没有衰减，整个场景非常明亮且不真实。

从下图的对比中，可以看出"影响漫反射"、"影响高光"以及"影响反射"三个选项的作用效果。其中，仅勾选"影响漫反射"复选框的效果如下左图所示，仅勾选"影响高光"复选框的效果如下右图所示。

下左图为勾选"影响漫反射"和"影响反射"两个复选框的效果，下右图为仅勾选"影响高光"复选框的效果。

下左图为勾选"影响漫反射"和"影响高光"两个复选框的效果，下右图为勾选"影响反射"和"影响高光"两个复选框的效果。

下左图为"影响漫反射"、"影响反射"和"影响高光"三个复选框都勾选后的渲染效果。

在平时的效果图制作中，VR灯光的平面光类型可用于室外天光、灯带光源、补光光源的使用，球体光源类型可用于灯具的光源创建，下右图为VR球体灯光表现出的台灯光源效果。

操作提示

其他部分的选项，读者可以自己做测试，通过测试就会更深刻地理解它们的用途。测试是学习VRay最有效的方法，只有通过不断的测试，才能真正理解每个参数的含义，这样才能作出逼真的灯光效果。所以读者在学习VRay的时候，避免死记硬背，要从原理层次去理解参数，这才是学习VRay的方法。

3.2.2 VR-IES

　　VrayIES是VRay渲染器提供用于添加IES光域网的文件光源。选择了光域网文件（*.IES），那么在渲染过程中光源的照明就会按照选择的光域网文件中的信息来表现，就可以做出普通照明无法做到的散射、多层反射、日光灯等效果，如下左图所示。

　　"VRayIES参数"卷展栏如下中图和下右图所示，其中参数含义与VRay灯光和VRay阳光类似。

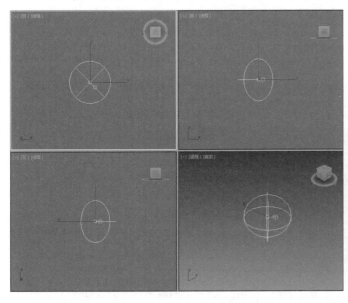

3.2.3 VR-环境灯光

　　"全局确定性蒙特卡洛"采样器可以说是VRay 的核心，贯穿于VRay 的每一种"模糊"计算中（抗锯齿、景深、间接照明、面积灯光、模糊反射/折射、半透明、运动模糊等），一般用于确定获取什么样的样本，最终哪些样本被光线追踪。与那些任意一个"模糊"计算使用分散的方法来采样不同的是，VRay根据一个特定的值，使用一种独特的统一的标准框架来确定有多少以及多精确的样本被获取，这个标准框架就是"全局确定性蒙特卡洛"采样器。其参数卷展栏如下图所示。

　　其中，各参数选项的作用介绍如下：

● **自适应数量：** 用于控制重要性采样使用的范围。默认值为1，表示在尽可能大的范围内使用重要性采样，0表示不进行重要性采样，换句话说，样本的数量会保持在一个相同的数量上，而不管模糊效果的计算结果如何。减少这个值会减慢渲染速度，但同时会降低噪波和黑斑。

- **最小采样：**确定在使用早期终止算法之前必须获得最少的样本数量。较高的取值将会减慢渲染速度，但同时会使早期终止算法更可靠。
- **噪波阈值：**在计算一种模糊效果是否足够好的时候，控制VRay的判断能力。在最后的结果中直接转化为噪波。较小的取值表示较少的噪波，使用更多的样本并得到更好的图像质量。
- **全局细分倍增：**在渲染过程中这个选项会倍增任何地方任何参数的细分值。可以使用这个参数来快速增加或减少任何地方的采样质量。在使用DMC 采样器的过程中，可以将它作为全局的采样质量控制。

3.2.4 VR-太阳和VR-天空

VR-太阳和VR-天空可以模拟物理世界里真实阳光和天光的效果，它们的变化主要是随着VR-太阳位置的变化而变化的。

1. VR-太阳

VR-太阳是VRay渲染器用于模拟太阳光的，它通常和VR-天空配合使用，如下左图所示。"VRay太阳参数"卷展栏如下右图所示。

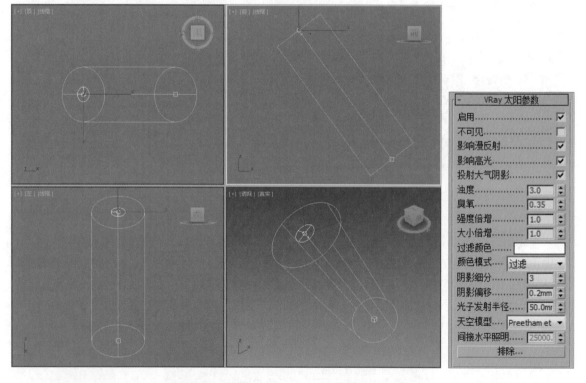

上述参数面板中，各选项的作用介绍如下：
- **启用：**此选项用于控制阳光的开启。
- **不可见：**用于控制在渲染时是否显示VRay阳光的形状。
- **浊度：**影响太阳和天空的颜色倾向。当数值较小时，空气晴朗干净，颜色倾向为蓝色；当数值较大时，空气浑浊，颜色倾向为黄色甚至橘黄色。

- **臭氧：** 表示空气中的氧气含量。较小的值阳光会发黄，较大的值阳光会发蓝。

> **操作提示**
>
> 早晨的空气浑浊度低，黄昏的空气浑浊度高。冬天的氧气含量高，夏天的氧气含量低，高原的氧气含量低，平原的氧气含量高。

- **强度倍增：** 用于控制阳光的强度。
- **大小倍增：** 控制太阳的大小，主要表现在控制投影的模糊程度。较大的值阴影会比较模糊。
- **阴影细分：** 用于控制阴影的品质。较大的值模糊区域的阴影将会比较光滑，没有杂点。
- **阴影偏移：** 用来控制物体与阴影偏移距离，较高的值会使阴影向灯光的方向偏移。如果该值为1.0，阴影无偏移；如果该值大于1.0，阴影远离投影对象；如果该值小于1.0，阴影靠近投影对象。
- **光子发射半径：** 用于设置光子放射的半径。这个参数和photon map计算引擎有关。

> **操作提示**
>
> 在作图时，将强度倍增值控制在0.0.3-0.07之间可以得到比较好的光照效果。

2. VR-天空

VR-天空贴图，既可以放在3ds Max环境里，也可以放在VRay的DI环境里。其参数卷展栏如下图所示。

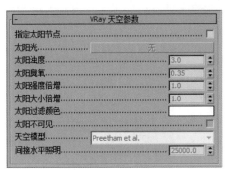

这里将对个别参数选项进行介绍，其余参数作用与VR-太阳的参数一致，读者可以进行对比学习。

- **指定太阳节点：** 当取消勾选该复选框时，VR-天空的参数将从场景中的VR-太阳的参数里自动匹配；当勾选该复选框时，用户就可以从场景中选择不同的光源。这种情况下，VR-太阳将不再控制VR-天空的效果，而VR-天空将用它自身的参数来改变VR天空的效果。
- **太阳光：** 选择阳光源，这里除了选择VR-太阳之外，还可以选择其他的光源。

Section 3.3 阴影类型

对于标准灯光和光度学灯光中的所有类型的灯光，在"常规参数"卷展栏中，除了可以对灯光进行开关设置外，还可以选择不同形式的阴影方式。

3.3.1 阴影贴图

阴影贴图是最常用的阴影生成方式，它能产生柔和的阴影，且渲染速度快。不足之处是会占用大量的内存，并且不支持使用透明度或不透明度贴图的对象。使用阴影贴图，灯光参数面板中会出现"阴影贴图参数"卷展栏，如下图所示。

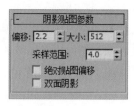

其中，该卷展栏中各选项的作用介绍如下。

- **偏移：** 位图偏移面向或背离阴影投射对象移动阴影。
- **大小：** 设置用于计算灯光的阴影贴图大小。
- **采样范围：** 采样范围决定阴影内平均有多少区域，影响柔和阴影边缘的程度。范围为0.01~50.0。
- **绝对贴图偏移：** 勾选该复选框，阴影贴图的偏移未标准化，以绝对方式计算阴影贴图偏移量。
- **双面阴影：** 勾选该复选框，计算阴影时背面将不被忽略。

3.3.2 区域阴影

所有类型的灯光都可以使用"区域阴影"参数。创建区域阴影，需要设置"虚设"区域阴影的虚拟灯光的尺寸。使用"区域阴影"后，会出现相应的参数卷展栏，在卷展栏中可以选择产生阴影的灯光类型并设置阴影参数，如下图所示。

其中，该展卷栏中各选项的作用介绍如下。

- **基本选项：** 在该选项组中可以选择生成区域阴影的方式，包括简单、矩形灯、圆形灯、长方体形灯、球形灯等多种方式。
- **阴影完整性：** 用于设置在初始光束投射中的光线数。
- **阴影质量：** 用于设置在半影（柔化区域）区域中投射的光线总数。
- **采样扩散：** 用于设置模糊抗锯齿边缘的半径。

- **阴影偏移：** 用于控制阴影和物体之间的偏移距离。
- **抖动量：** 用于向光线位置添加随机性。
- **区域灯光尺寸：** 该选项组提供尺寸参数来计算区域阴影，该组参数并不影响实际的灯光对象。

3.3.3　光线跟踪阴影

使用"光线跟踪阴影"功能可以支持透明度和不透明度贴图，产生清晰的阴影。但该阴影类型渲染计算速度较慢，不支持柔和的阴影效果。

选择"光线跟踪阴影"选项后，参数面板中将会出现相应的卷展栏，如下图所示。

其中，各参数选项的作用介绍如下：
- **光线偏移：** 该参数用于设置光线跟踪偏移面向或背离阴影投射对象移动阴影的多少。
- **双面阴影：** 勾选该复选框，计算阴影时其背面将不被忽略。
- **最大四元树深度：** 该参数可调整四元树的深度。增大四元树深度值可以缩短光线跟踪时间，但却要占用大量的内存空间。四元树是一种用于计算光线跟踪阴影的数据结构。

3.3.4　VRay阴影

在3ds Max标准灯光中，VRay阴影是其中的一种阴影模式。在室内外等场景的渲染过程中，通常是将3ds Max的灯光设置为主光源，配合VRay阴影进行画面的制作，因为VRay阴影产生的模糊阴影的计算速度要比其他类型的阴影速度快。

选择"VRay阴影"选项后，参数面板中将会出现相应的卷展栏，如下图所示。

其中，各参数选项的作用介绍如下：
- **透明阴影：** 当物体的阴影是由一个透明物体产生时，该选项十分有用。
- **偏移：** 给顶点的光线追踪阴影偏移。
- **区域阴影：** 打开或关闭面阴影。
- **长方体：** 假定光线是由一个长方体发出的。
- **球体：** 假定光线是由一个球体发出的。

Chapter 4

质感表现 I
——基础材质的运用

Section 4.1 制作透明材质

在学习3ds Max效果图制作过程中，透明材质的制作是一个难点。如各种形状的玻璃家具、玻璃及塑料器皿、液体等，透明物件的表面性状、曲率、厚薄、通光性、滤色性、对光线的反射率、折射率、投射阴影的特殊性等，对制作效果都会有明显的影响。因此要求用户对3ds Max的材质编辑器中各个参数的理解都要十分透彻，才能够将透明物体的各种性状特点准确地反映出来，使效果图更加接近真实的效果。

4.1.1 普通玻璃材质

通透、折射、焦散是玻璃特有的物理特性，经常用于窗户玻璃、器皿等物体，因此在制作材质的过程中要注意折射参数的设置，而漫反射颜色可以根据实际情况进行调整。使用VRayMtl材质能够表现出非常真实的玻璃材质，具体操作步骤如下：

操作提示

要渲染出焦散效果必须具备3个条件。

（1）模型材质必须是Vray材质，而且材质必须具备反射或折射属性。

（2）使用的灯光必须是焦散所支持的灯光类型。

（3）必须在Vray渲染器的Caustics（焦散）卷展栏中启用焦散效果。

01 打开素材模型，观察场景效果，如下图所示。

02 按M键打开材质编辑器，选择一个空白材质球，设置为VRayMtl材质类型，设置漫反射颜色、反射颜色以及折射颜色，再设置反射参数以及折射参数，如下图所示。

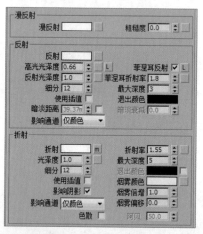

操作提示

调整VRayMtl的反射光泽度参数，能够控制材质的反射模糊程度。该参数默认为1时表示没有模糊。细分参数用来控制反射模糊的质量，只有当反射光泽度参数不为1时，该参数才起作用。

03 漫反射颜色、反射颜色及折射颜色的设置，如下图所示。

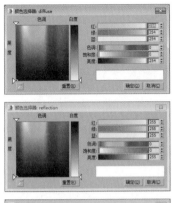

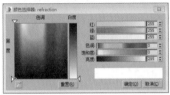

04 进入衰减参数面板，设置衰减颜色以及衰减类型，如下图所示。

05 在"选项"卷展栏中设置相关参数，如下图所示。

06 创建好的无色透明玻璃材质效果，如下图所示。

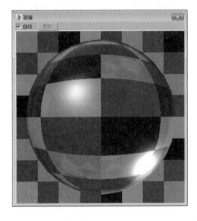

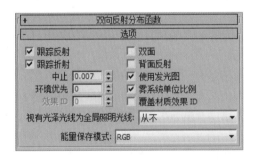

07 另外再创建一个带颜色的玻璃材质，设置漫反射颜色以及折射参数中的烟雾颜色，两者参数相同，如下图所示。

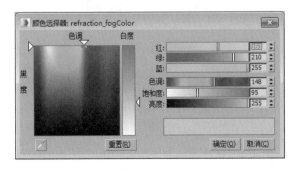

08 彩色玻璃材质球效果如下图所示。

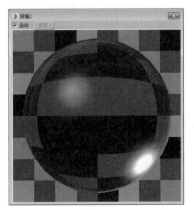

09 将创建好的材质指定给场景中的物体对象，渲染效果如下图所示。

4.1.2 磨砂玻璃材质

磨砂玻璃的表面有细小的气孔，并成完全透明的效果，但是由于凹凸的气孔使透过玻璃看到的对象很模糊。下面介绍磨砂玻璃材质的制作方法：

01 打开素材模型，观察场景效果，如下图所示。

02 按M键打开材质编辑器，选择一个空白材质球，设置为VRayMtl材质类型，设置漫反射颜色、反射颜色以及折射颜色、烟雾颜色，再设置反射参数以及折射参数，如下图所示。

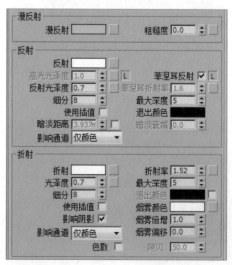

03 漫反射颜色、反射颜色设置如下图所示。

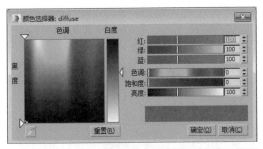

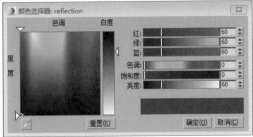

04 折射颜色及烟雾颜色参数设置如下图所示。

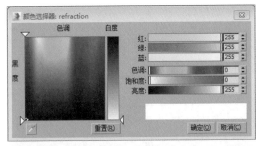

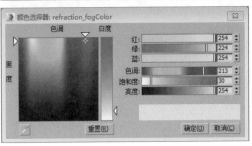

05 创建好的磨砂玻璃材质球效果，如下图所示。

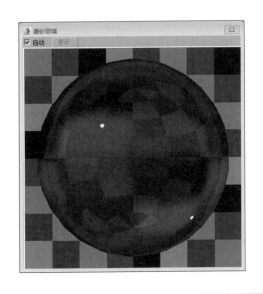

06 最后将材质指定给模型对象后的渲染效果，如下图所示。

4.1.3　压花玻璃材质

压花玻璃常用于室内场景中的门扇或者器皿等物体上，其具有一定的反射和折射效果，以及凹凸纹理。下面介绍压花玻璃材质的制作过程：

01 打开素材模型，观察场景效果，如下图所示。

02 按M键打开材质编辑器，选择一个空白材质球，设置为VRayMtl材质类型，设置漫反射颜色、反射颜色及折射颜色，再设置反射参数和折射参数，如下图所示。

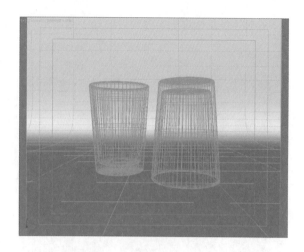

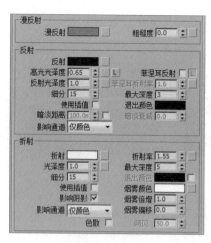

03 漫反射颜色、反射颜色及折射颜色参数设置如下图所示。

04 为凹凸通道添加位图贴图，如下图所示。

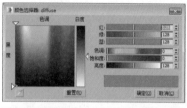

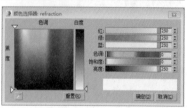

05 在贴图坐标卷展栏中设置瓷砖V向数值，如下图所示。

06 设置好的压花玻璃材质球效果如下图所示。

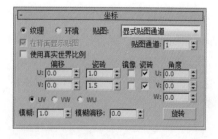

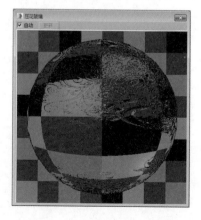

07 最后将材质指定给模型对象后的效果，如下图所示。

制作高级透明材质

在效果图的制作过程中，透明材质的制作是一个难点，除了常见的玻璃材质，还有液体、镜子、塑料等，其通光性、滤色性以及对光线的反射率和折射率都各有不同。

4.2.1 水材质

水是效果图中经常出现的一种材质类型，在制作餐厅、浴室、游泳池、户外建筑表现时都经常会用到水材质。其材质的特点是具有一定的通透性，同时又有比较强的反射效果。下面介绍水材质的制作过程：

01 打开素材模型，观察场景效果，如下图所示。

02 按M键打开材质编辑器，选择一个空白材质球，设置为VRayMtl材质类型，设置漫反射颜色、反射颜色及折射颜色，再设置反射参数与折射参数，如下图所示。

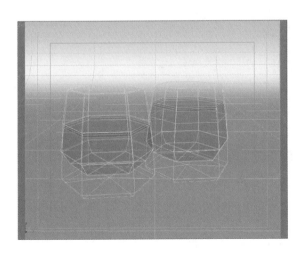

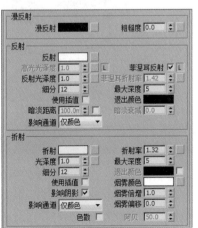

03 设置漫反射颜色为黑色，反射颜色为白色，再设置折射颜色，如下图所示。

04 创建好的材质球效果，如下图所示。

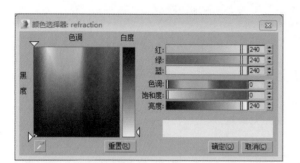

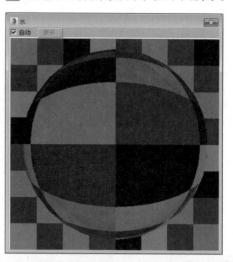

操作提示

折射参数选项组中的IOR参数用于设置透明材质的折射率。折射率是决定透明物体材质的重要参数，不同点的透明材质的折射率也不同，如真空的折射率是1.0，空气的折射率是1.003，玻璃的折射率是1.5，水的折射率是1.33等。烟雾颜色用来控制产生次表面散射效果和物体内部物质的颜色。

05 最后将材质指定给模型对象，同玻璃材质的设置相似，若是需要设置带颜色的茶水材质，可以设置漫反射颜色与烟雾颜色，如下图所示。

4.2.2 果汁材质

在表现果汁材质时，要注意表现果汁的颜色及通透效果，在表现其反射时，反射效果会受到果汁本身颜色的影响而产生与其相近的颜色。而冰材质是和玻璃材质类似的透明属性，但是其中又有一些不太透明的结晶，下面将逐步进行介绍材质的制作：

01 打开素材模型，观察场景效果，如下图所示。

02 按M键打开材质编辑器，选择一个空白材质球，设置为VRayMtl材质类型，设置漫反射颜色与反射颜色，再设置反射参数，如下图所示。

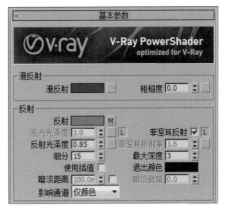

03 漫反射颜色及反射颜色设置如下图所示。

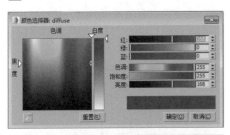

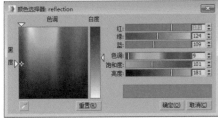

04 再设置折射颜色及烟雾颜色，设置折射参数，如下图所示。

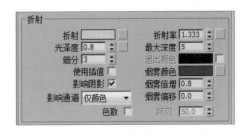

05 折射颜色及烟雾颜色参数设置如下图所示。

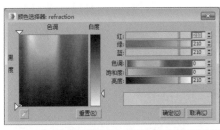

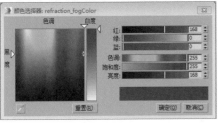

06 在"双向反射分布函数"卷展栏中设置函数类型为"多面"，如下图所示。

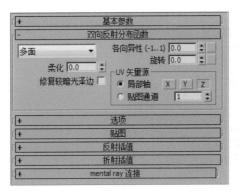

07 在"贴图"卷展栏中为反射通道添加细胞贴图，为凹凸通道和置换通道添加混合贴图，再设置反射值、凹凸值及置换值，如下图所示。

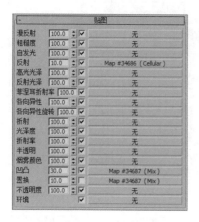

09 进入凹凸通道的混合参数设置面板，为颜色1添加细胞贴图，为颜色2添加噪波贴图，设置混合量以及混合曲线的转换值，如下图所示。

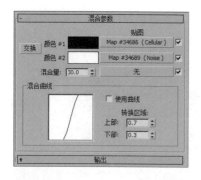

11 置换通道的混合贴图参数和凹凸通道混合参数相同，这里不多做介绍，创建好的果汁材质球效果如下图所示。

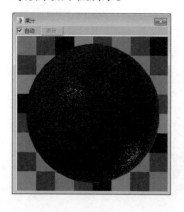

08 进入反射通道的细胞参数设置面板，在"坐标"卷展栏中设置瓷砖xyz轴的数值，在"细胞参数"卷展栏中设置细胞分界颜色RGB值为190，如下图所示。

10 其颜色1的细胞贴图参数设置同反射通道的细胞贴图参数，进入颜色2的噪波参数设置面板，参数设置如下图所示。

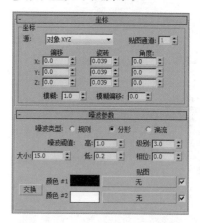

12 最后将创建好的果汁材质指定给模型对象，渲染效果如下图所示。

4.2.3 镜子材质

镜子也是效果图制作中经常见到的物体，其材质具有高反射的特性，材质的设置非常简单，下面介绍镜子材质的制作过程：

01 打开素材模型，观察场景效果，如下图所示。

02 按M键打开材质编辑器，选择一个空白材质球，设置为VRayMtl材质类型，设置漫反射颜色与反射颜色，取消勾选"菲涅尔反射"复选框，如下图所示。

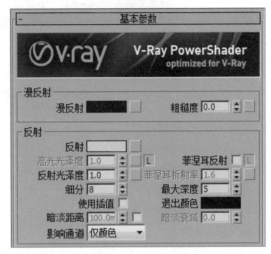

03 漫反射颜色及反射颜色设置如下图所示。

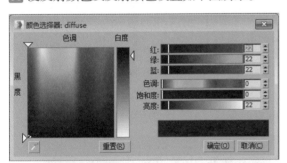

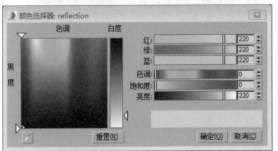

04 创建好的材质球效果如下图所示。

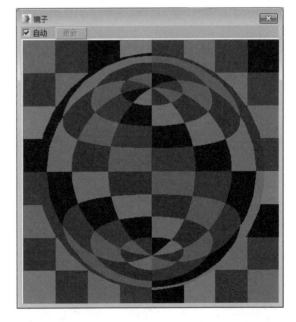

05 将材质指定给场景中的镜子模型对象，效果如下图所示。

4.2.4　宝石材质

红宝石的颜色强度就像是燃烧的焦炭，通常为透明至半透明，在光线的照射下会反射出迷人的六射星光或十二射星光。该材质的运用较少，但效果优美，读者可以适当了解其制作方法：

01 打开素材模型，观察场景效果，如下图所示。

02 按M键打开材质编辑器，选择一个空白材质球，设置为VRayMtl材质类型，设置漫反射颜色与反射颜色，再设置反射参数，如下图所示。

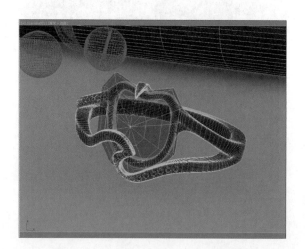

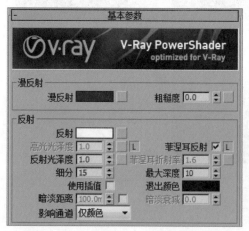

03 漫反射颜色与反射颜色设置如下图所示。

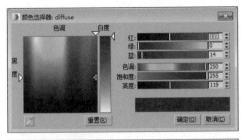

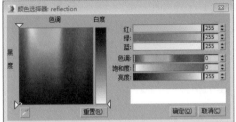

04 设置折射颜色及烟雾颜色，再设置折射参数，如下图所示。

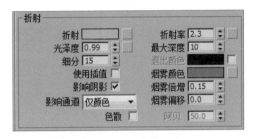

05 折射颜色及烟雾颜色设置如下图所示。

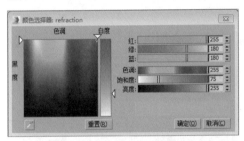

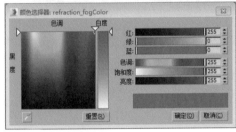

06 创建好的红宝石材质效果如下图所示。

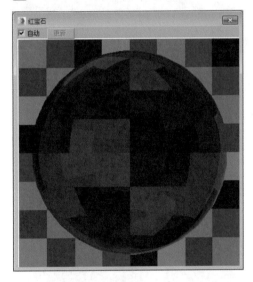

07 最后将材质指定给场景中的模型对象后，效果如右图所示。

Chapter 1

Chapter 2

Chapter 3

Chapter 4

Chapter 5

Chapter 6

Chapter 7

Chapter 8

Chapter 9

制作金属材质

金属材质是反光度很高的材质，高光部分很精彩，有很多的环境色都体现在高光中。同时它的镜面效果也很强，高精度抛光的金属和镜子的效果相差无几，金属材质都有很好的反射，是一种反差效果很大的物质。

4.3.1 亮面不锈钢材质

亮面不锈钢的反射性很高，主要用于建筑材料和厨房用具等。下面介绍材质的创建步骤：

01 打开素材模型，观察场景效果，如下图所示。

03 漫反射颜色及反射颜色设置如下图所示。

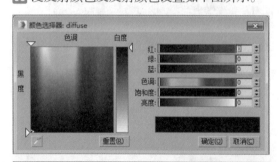

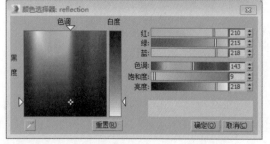

02 按M键打开材质编辑器，选择一个空白材质球，设置为VRayMtl材质类型，命名为不锈钢，设置漫反射颜色以及反射颜色，再设置反射参数，取消勾选"菲涅尔反射"复选框，如下图所示。

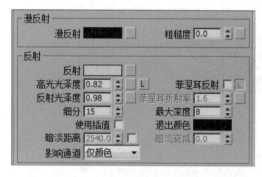

04 设置折射烟雾颜色，再设置半透明类型、背面颜色以及厚度值，如下图所示。

操作提示

在默认情况下，高光光泽度和菲涅尔折射率为灰色不可用状态，在单击其后的L按钮后，该选项均处于黑色可用状态。

05 烟雾颜色及背面颜色的设置参数相同，如下图所示。

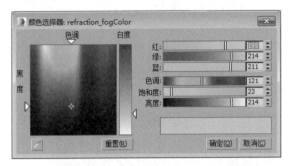

07 在 "选项" 卷展栏中取消勾选 "雾系统单位比例" 复选框，再设置中止值，如下图所示。

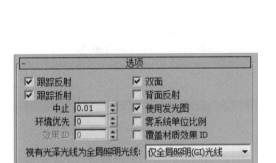

06 在 "双向反射分布函数" 卷展栏中取消勾选 "修复较暗光泽边" 复选框，如下图所示。

08 创建好的不锈钢材质效果如下图所示。

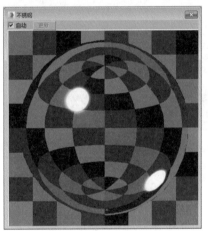

09 最后将材质指定给模型对象后的效果如下图所示。

4.3.2　磨砂不锈钢材质

在表现一些厨具的材质时，该材质的表面具有点状凹凸效果，这就是磨砂不锈钢材质。本小节中将介绍磨砂不锈钢材质的制作方法。

01 打开素材模型，观察场景效果，如下图所示。

02 按M键打开材质编辑器，选择一个空白材质球，设置为VRayMtl材质类型，设置漫反射颜色以及反射颜色，再设置反射光泽度以及细分值，取消勾选"菲涅尔反射"复选框，如下图所示。

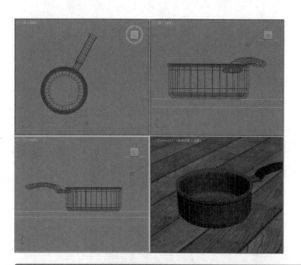

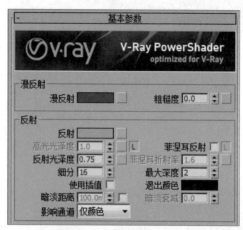

操作提示

"最大深度"用于控制反射或折射的最多次数，通常保持默认即可。注意如果场景中具有大量反射或折射材质的设置，应该设置较大的最大深度次数。

---

03 漫反射颜色及反射颜色设置如下图所示。

04 在"双向反射分布函数"卷展栏中取消勾选"修复较暗光泽边"复选框，设置函数类型为"沃德"，如下图所示。

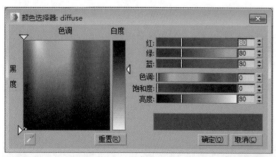

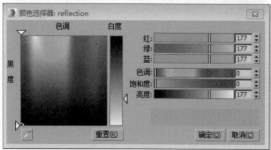

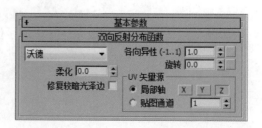

05 创建好的磨砂不锈钢材质球效果如下图所示。

06 最后将材质指定给模型对象后，效果如下图所示。

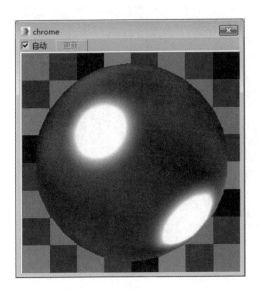

4.3.3 黄金材质

黄金材质在设计中用到的机会比较少，多用于装饰品上。该材质有较亮的光泽和一定的反射，非常质感。下面介绍该材质的制作过程：

01 打开素材模型，观察场景效果，如下图所示。

02 按M键打开材质编辑器，选择一个空白材质球，设置为VRayMtl材质类型，设置漫反射颜色、反射颜色以及折射颜色，再设置反射参数以及折射参数，如下图所示。

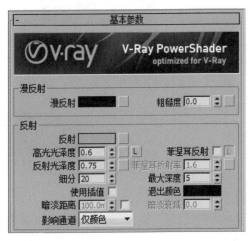

03 漫反射颜色、反射颜色及折射颜色设置如下图所示。

04 创建好的黄金材质球效果如下图所示。

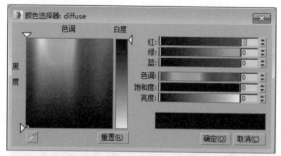

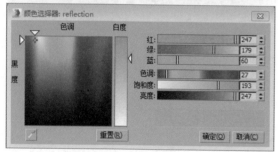

05 最后将材质指定给模型对象后，渲染效果如下图所示。

Section 4.4 制作瓷材质

　　陶瓷在室内的装饰、装修中使用非常频繁，几乎处处可见，如装饰花瓶、餐具、洁具、瓷砖等。陶瓷具有明亮的光泽、表面光洁均匀、晶莹剔透等特性，下面介绍陶瓷材质的设置方法：

01 打开素材模型，观察场景效果，如下图所示。

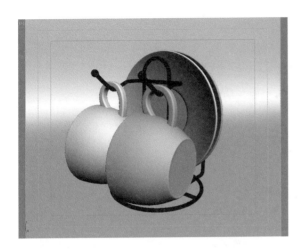

02 按M键打开材质编辑器，选择一个空白材质球，设置为VRayMtl材质类型，设置漫反射颜色，再设置反射参数，如下图所示。

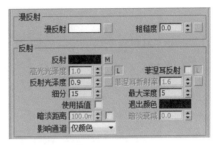

03 漫反射颜色设置如下图所示。

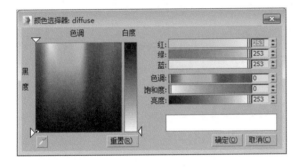

04 为反射通道添加衰减贴图，衰减参数设置面板如下图所示。

05 创建好的陶瓷材质效果如下图所示。

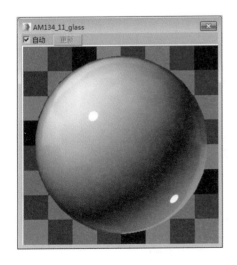

06 再创建其他颜色的陶瓷材质，用户只需要改变漫反射颜色即可，如下图所示。

07 将创建好的材质指定给墙体模型对象，效果如下图所示。

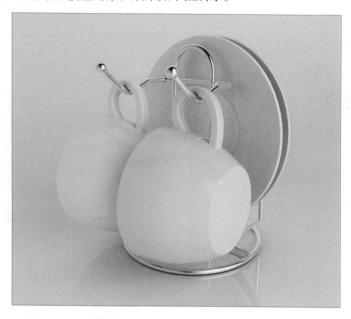

Section 4.5 制作珍珠材质

珍珠因为具有光滑圆润、质地细腻和光泽柔和等特性一直受到大众的喜爱，本小节中就介绍一下带有磨砂特性的珍珠材质的制作方法。

01 打开素材模型，观察场景效果，如下图所示。

02 按M键打开材质编辑器，选择一个空白材质球，设置为VRayMtl材质类型，在"贴图"卷展栏中为漫反射通道添加衰减贴图，为反射通道及环境通道添加混合贴图，为凹凸通道添加噪波贴图并设置凹凸值，如下图所示。

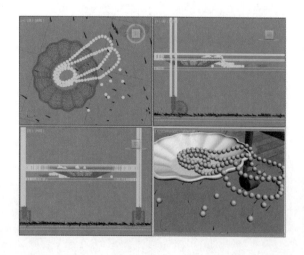

贴图			
漫反射	100.0	✓	Map #3（Falloff）
粗糙度	100.0	✓	无
自发光	100.0	✓	无
反射	100.0	✓	Map #4（Mix）
高光光泽	100.0	✓	无
反射光泽	100.0	✓	无
菲涅耳折射率	100.0	✓	无
各向异性	100.0	✓	无
各向异性旋转	100.0	✓	无
折射	100.0	✓	无
光泽度	100.0	✓	无
折射率	100.0	✓	无
半透明	100.0	✓	无
烟雾颜色	100.0	✓	无
凹凸	30.0	✓	Map #8（Noise）
置换	100.0	✓	无
不透明度	100.0	✓	无
环境			Map #6（Mix）

03 进入漫反射通道的衰减贴图设置面板，设置衰减颜色如下图所示。

05 进入反射通道的混合贴图参数面板，为颜色1添加衰减贴图，设置颜色2为黑色，再设置混合量，如下图所示。

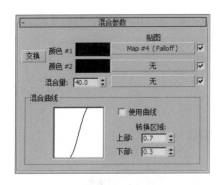

07 衰减颜色参数如下图所示。

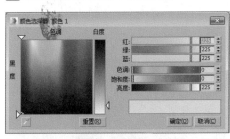

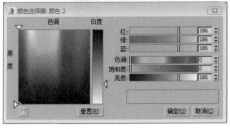

04 衰减颜色参数如下图所示。

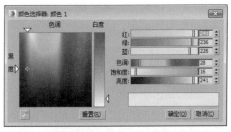

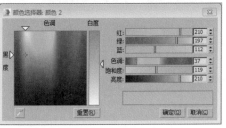

06 进入颜色1通道的衰减贴图参数面板，设置衰减颜色，如下图所示。

08 返回"贴图"卷展栏，进入到凹凸通道的噪波参数面板，设置噪波大小为2，如下图所示。

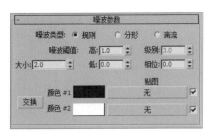

09 再打开环境通道的混合贴图参数面板，为颜色1添加混合贴图，设置混合量，如下图所示。

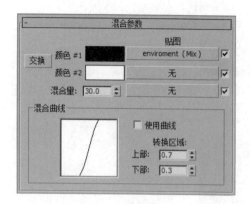

10 进入颜色1的混合参数面板，为颜色1和颜色2添加VRayHDRI贴图，再设置混合量，如下图所示。

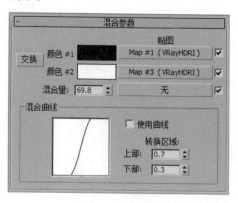

11 进入VRayHDRI参数面板，设置贴图类型为球形，设置全局倍增值及渲染倍增值，如下图所示。

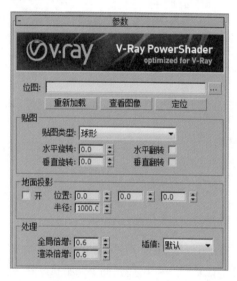

12 返回到第一级参数面板，设置反射光泽度及细分值，如下图所示。

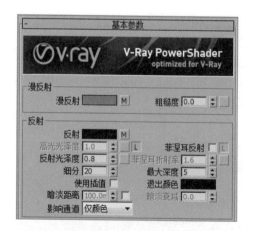

13 设置完成后的珍珠材质球效果如右图所示。

14 最后将材质指定给模型对象后，渲染效果如下图所示。

Chapter 5

质感表现Ⅱ
——材质与贴图的运用

本章学习要点

制作木质材质
制作砖石材质
制作纺织材质
制作纸张材质
制作皮革材质

Section 5.1 制作木质材质

不锈钢按其颜色可以分为有色不锈钢和无色不锈钢；按其表面的光滑度可分为亮面不锈钢和拉丝不锈钢。逼真的不锈钢材质是室内设计表现中的亮点，本小节中将介绍各种不锈钢材质的制作，包括亮面不锈钢、拉丝不锈钢以及铝合金材质。

5.1.1 木纹理材质

木纹材质的表面相对光滑，并有一定的反射，带有一点凹凸，高光较小。木纹材质属于亮面木材，下面介绍其材质的创建步骤：

01 打开素材文件，如下图所示。

02 按M键打开材质编辑器，选择一个空白材质球，设置为VRayMtl材质类型，设置反射颜色及光泽度等参数，如下图所示。

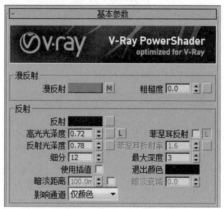

03 反射颜色参数设置如下图所示。

04 在"贴图"卷展栏中为漫反射通道和凹凸通道添加相同的位图贴图，如下图所示。

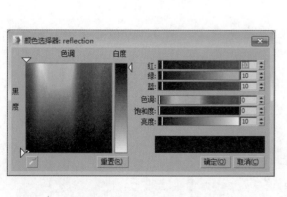

05 所添加的位图贴图如下图所示。

06 设置好的木纹理材质球如下图所示。

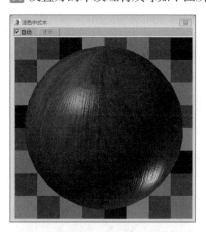

07 最后将材质指定给物体，效果如右图所示。

5.1.2 木地板材质

木地板材质是制作室内效果图时经常使用到的材质，其难点就在于如何表现模糊反射和凹凸质感，下面来介绍该材质的制作过程：

01 打开素材文件，如下图所示。

02 按M键打开材质编辑器，选择一个空白材质球，设置为VRayMtl材质类型，在"贴图"卷展栏中为漫反射通道和凹凸通道添加相同的位图贴图，为反射通道添加衰减贴图，再设置凹凸值，如下图所示。

贴图			
漫反射	100.0	✓	ap #614327320 (地板2副本12.jpg)
粗糙度	100.0	✓	无
自发光	100.0	✓	无
反射	100.0	✓	Map #1 (Falloff)
高光光泽	100.0	✓	无
反射光泽	100.0	✓	无
菲涅耳折射率	100.0	✓	无
各向异性	100.0	✓	无
各向异性旋转	100.0	✓	无
折射	100.0	✓	无
光泽度	100.0	✓	无
折射率	100.0	✓	无
半透明	100.0	✓	无
烟雾颜色	100.0	✓	无
凹凸	8.0	✓	Map #1 (地板2副本12.jpg)
置换	100.0	✓	无
不透明度	100.0	✓	无
环境		✓	无

03 查看漫反射及凹凸通道的木地板贴图效果，如下图所示。

04 在"基本参数"卷展栏中设置反射参数值，取消勾选"菲涅耳反射"复选框，如下图所示。

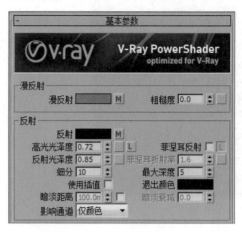

05 进入"衰减参数"设置面板，设置衰减颜色和衰减类型，如下图所示。

06 衰减颜色设置如下图所示。

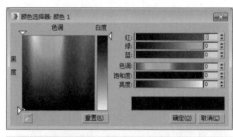

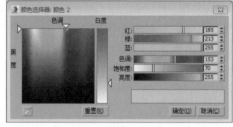

07 创建好的木地板材质效果，如下图所示。

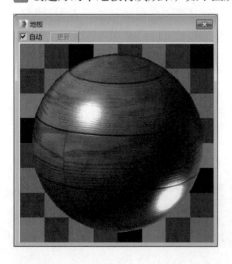

08 最后将材质指定给物体，效果如下图所示。

5.1.3　藤编材质

　　藤编家具由藤条编制而成，凹凸明显，多有镂空，家具外层涂刷一层清漆，所以有较大的高光。这里的凹凸纹理需要漫反射通道中的位图贴图来进行表现，具体的制作方法介绍如下：

01 打开素材文件，如下图所示。

02 按M键打开材质编辑器，选择一个空白材质球，设置为VRayMtl材质类型，在"贴图"卷展栏中分别为漫反射通道、高光光泽通道以及不透明度通道添加位图贴图，为反射通道添加衰减贴图，设置"高光光泽"值为30，再为环境通道添加输出贴图，如下图所示。

贴图			
漫反射	100.0	✓	#32 (20111129053324265751.jpg)
粗糙度	100.0	✓	无
自发光	100.0	✓	无
反射	100.0	✓	Map #33（Falloff）
高光光泽	30.0	✓	#34 (20111129053324265557.jpg)
反射光泽	100.0	✓	无
菲涅耳折射率	100.0	✓	无
各向异性	100.0	✓	无
各向异性旋转	100.0	✓	无
折射	100.0	✓	无
光泽度	100.0	✓	无
折射率	100.0	✓	无
半透明	100.0	✓	无
烟雾颜色	100.0	✓	无
凹凸	30.0	✓	无
置换	100.0	✓	无
不透明度	100.0	✓	#34 (20111129053324265557.jpg)
环境			Map #35（输出）

03 漫反射通道添加的藤编贴图，效果如下图所示。

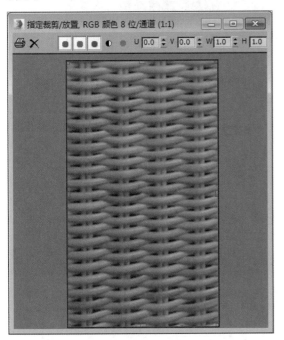

04 高光光泽通道与不透明度通道的位图贴图，效果如下图所示。

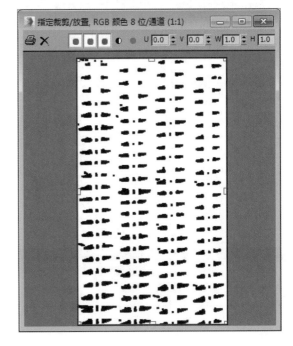

05 在"基本参数"卷展栏中设置反射参数，如下图所示。

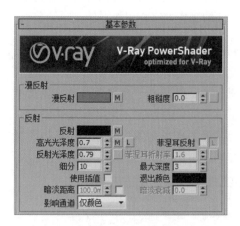

06 进入到"衰减参数"设置面板，设置衰减颜色以及衰减类型，如下图所示。

07 衰减颜色2设置如下图所示。

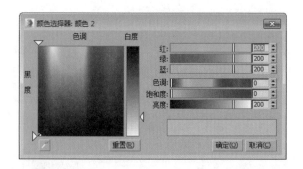

08 创建好的藤编材质如下图所示。

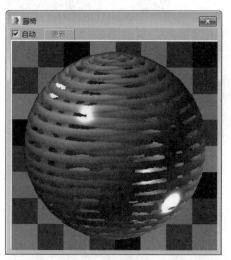

09 最后将材质指定给物体，效果如右图所示。

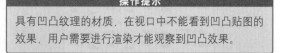

操作提示

具有凹凸纹理的材质，在视口中不能看到凹凸贴图的效果，用户需要进行渲染才能观察到凹凸效果。

Section 5.2 制作砖石材质

石材根据其表面平滑程度可分为镜面、柔面、凹凸三种，在日常生活中常用到的有瓷砖、大理石、文化石等。

5.2.1 瓷砖材质

瓷砖可以说是室内效果图设计中必备的材质，在大多数的场景中都会用到该材质，有纯色的或具有花纹纹理的等等。这里介绍纯白色瓷砖材质的制作，具体操作步骤如下：

01 打开素材文件，如下图所示。

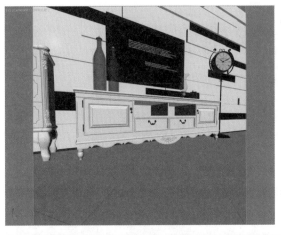

02 按M键打开材质编辑器，选择一个空白材质球，设置为VRayMtl材质类型，在"贴图"卷展栏中为漫反射通道及凹凸通道添加同样的平铺贴图，并设置"凹凸"值，再为反射通道添加衰减贴图，如下图所示。

操作提示

如果需要制作带有花纹纹理的瓷砖材质，可以在漫反射通道添加位图贴图，或者在平铺贴图设置面板中添加纹理贴图。如果在平铺贴图设置面板中添加纹理贴图，那么在凹凸通道中的平铺贴图无须添加纹理贴图。

---

03 进入平铺贴图设置面板，设置"预设类型"为"堆栈砌合"，再设置平铺参数集砖缝参数，如右图所示。

04 查看平铺纹理颜色及砖缝纹理颜色的设置效果如右图所示。

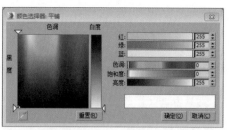

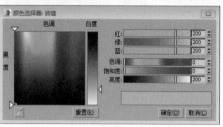

操作提示

这里设置衰减类型为Fresnel，原因是Fresnel是基于折射率的调整。在面向视图的曲面上产生暗淡反射，在有角的面上产生较明亮的反射，创建就像在玻璃面上一样的高光。

05 再进入到衰减设置面板，设置衰减类型，衰减颜色为默认，如下图所示。

06 返回到"基本参数"卷展栏，设置反射参数，如下图所示。

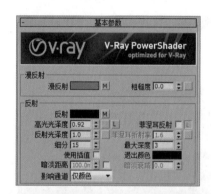

操作提示

默认状态下，菲涅尔反射和菲涅尔折射率是锁定在一起的，可以单击 按钮解除这两个选项的锁定，分别对它们进行设置。

07 设置好的瓷砖材质球效果如下图所示。

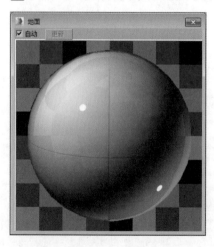

08 最后将材质指定给物体，效果如下图所示。

5.2.2 仿古砖材质

　　仿古砖的装饰性较强，色彩选择更为丰富，可以很好地运用到各种室内设计中。该材质具有一定的凹凸感和立体感，光泽度较低，反射较弱，下面来介绍具体的制作方法。

01 打开素材文件，如下图所示。

02 按M键打开材质编辑器，选择一个空白材质球，设置为VRayMtl材质类型，为漫反射通道和凹凸通道添加位图贴图，再为反射通道添加衰减贴图，设置"凹凸"值为10，如下图所示。

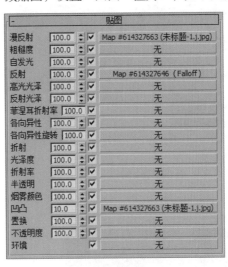

03 为漫反射通道及凹凸通道添加的仿古砖贴图，效果如下图所示。

04 进入衰减设置面板，设置衰减颜色以及衰减类型，如下图所示。

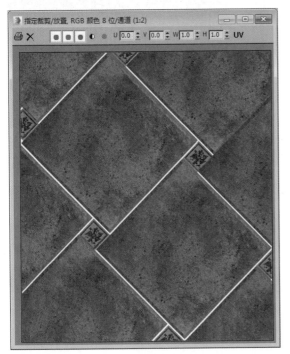

05 衰减颜色设置的参数如下图所示。

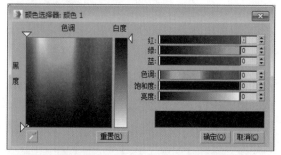

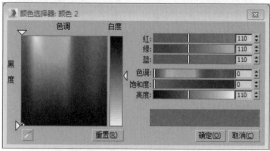

06 在"基本参数"卷展栏中设置反射参数，取消勾选"菲涅尔反射"复选框，如下图所示。

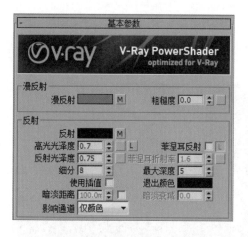

07 创建好的仿古砖材质球效果如下图所示。

08 最后将材质指定给物体，效果如下图所示。

操作提示

凹凸贴图可以使对象的表面凹凸不平或者呈现不规则形状。用凹凸贴图材质渲染对象时，贴图较明亮的区域看上去被提升，而较暗的区域看上去被降低。

5.2.3 大理石材质

大理石也是在室内设计中经常用到的材质类型，该材质主要用于地面、台阶等地方。大理石材质可以分为表面光滑和粗糙两种类型，表面光滑的大理石常用于客厅里的地砖，而在阳台上则常使用表面带有凹凸花纹的大理石地砖。下面介绍大理石材质的制作过程：

01 打开素材文件，如下图所示。

02 按M键打开材质编辑器，选择一个空白材质球，设置为VRayMtl材质类型，为漫反射通道添加位图贴图，设置反射颜色以及反射参数，如下图所示。

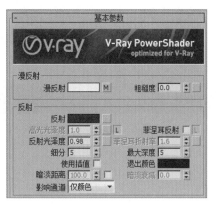

03 漫反射通道添加的大理石拼花贴图，效果如下图所示。

04 反射颜色设置如下图所示。

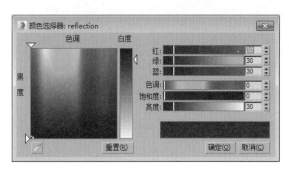

05 创建好的大理石材质球效果如下图所示。

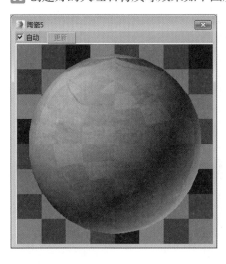

06 最后将材质指定给物体，效果如下图所示。

Section 5.3 制作纺织物材质

　　生活中常用的织物有沙发布、毛毯、毛巾、丝绸等，主要是根据其表面的粗糙程度来区分不同的特点。在表现织物的肌理凹凸效果时，主要是为材质漫反射指定一张位图来模拟织物的肌理效果。由于该材质的纹理凹凸效果比较强烈，可以使用位图贴图来模拟织物的纹理效果。

5.3.1 沙发布材质

　　沙发布的表面具有较小的粗糙和较小的反射，表面有丝绒感和凹凸感。下面介绍沙发布材质的制作方法：

01 打开素材文件，可以看到场景中的沙发上有三种布料材质，如下图所示。

02 按M键打开材质编辑器，选择一个空白材质球，设置为多维/子对象材质类型，然后分别设置三个子对象材质，如下图所示。

03 进入子材质1参数设置面板，在"贴图"卷展栏中为漫反射通道添加颜色校正贴图，为凹凸通道添加合成贴图，如下图所示。

04 进入颜色校正参数设置面板，为其添加衰减贴图，在"颜色"卷展栏中调整"色调切换"参数，在"亮度"卷展栏中选择"高级"单选按钮，并设置相关参数值，如下图所示。

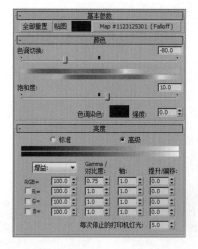

05 进入衰减参数设置面板,为衰减颜色通道添加颜色校正贴图和位图贴图,如下图所示。

07 位图贴图效果如下图所示。

09 位图贴图效果如下图所示。

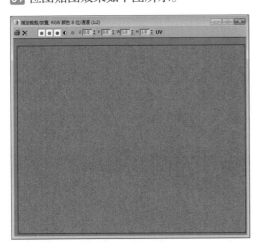

06 在"混合曲线"卷展栏中调整曲线效果,如下图所示。

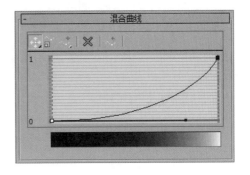

08 再进入下一级颜色校正参数设置面板,添加位图贴图,在"亮度"卷展栏中选择"高级"单选按钮,并设置相关参数,如下图所示。

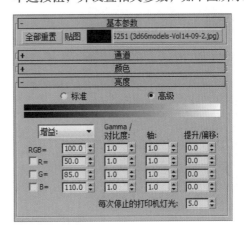

10 返回到第一级"贴图"卷展栏,进入凹凸通道的合成贴图参数设置面板,设置总层数为2,分别为层1和层2添加位图贴图并设置相关参数,如下图所示。

11 层1和层2添加的位图贴图效果分别如下图所示。

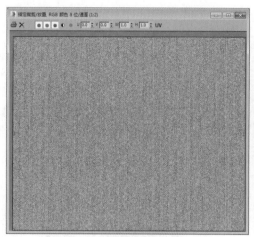 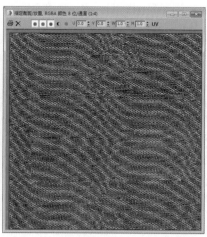

12 设置好的子材质1材质球效果如下图所示。

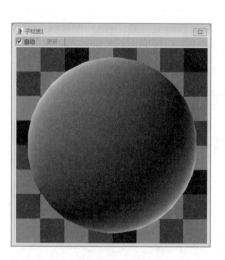

13 接下来设置子材质2，设置材质2为VRayMtl材质类型，为漫反射通道添加衰减贴图，为凹凸通道添加位图贴图，如下图所示。

贴图		
漫反射	100.0 ✓	Map #6834（Falloff）
粗糙度	100.0 ✓	无
自发光	100.0 ✓	无
反射	100.0 ✓	无
高光光泽	100.0 ✓	无
反射光泽	100.0 ✓	无
菲涅耳折射率	100.0 ✓	无
各向异性	100.0 ✓	无
各向异性旋转	100.0 ✓	无
折射	100.0 ✓	无
光泽度	100.0 ✓	无
折射率	100.0 ✓	无
半透明	100.0 ✓	无
烟雾颜色	100.0 ✓	无
凹凸	30.0 ✓	#6837（3d66models-Vol14-09-7.jpg）
置换	100.0 ✓	无
不透明度	100.0 ✓	无
环境	✓	无

14 进入衰减参数设置面板，为衰减颜色通道添加相同的位图贴图，如下图所示。

15 所添加的位图贴图如下图所示。

16 返回到上一级，为凹凸通道添加的位图贴图如下图所示。

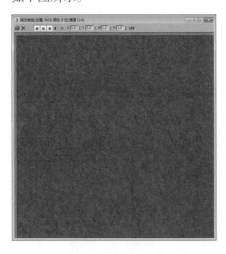

17 设置好的子材质2材质球，效果如下图所示。

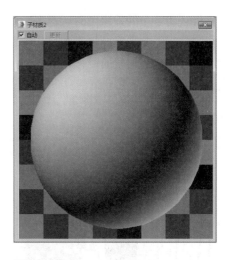

18 最后制作子材质3，先复制子材质2到子材质3，调换漫反射通道中为衰减颜色添加的位图贴图，所调的换贴图如下图所示。

19 设置好的子材质3材质球如下图所示。

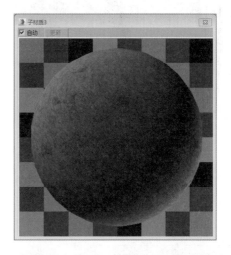

20 将创建好的材质指定给沙发模型，渲染效果如右图所示。

5.3.2 纱帘材质

在制作客厅或者卧室的效果图时，很多时候需要表现出窗户位置的效果，这时窗帘的作用就体现出来了。居室常用的窗帘有两种类型，一种是透明度很高的纱窗布料，一种是遮光布料。本小节中要介绍的就是纱窗布料材质的制作，遮挡了强烈的室外光源，同时又不影响室内光线，轻盈飘逸使得空间变得轻松自然。下面介绍其材质的设置方法：

01 打开素材文件，如下图所示。

02 按M键打开材质编辑器，选择一个空白材质球，设置为VRayMtl材质类型，在"贴图"卷展栏中为漫反射通道和折射通道添加衰减贴图，如下图所示。

03 进入漫反射通道的衰减贴图参数设置面板，设置衰减颜色，如下图所示。

04 衰减颜色设置如下图所示。

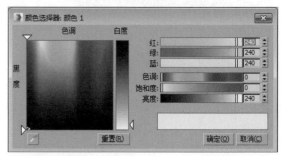

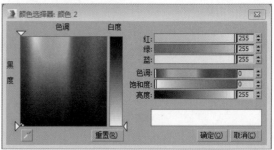

05 再进入折射通道衰减贴图的参数设置面板，设置衰减颜色，如下图所示。

06 衰减颜色设置如下图所示。

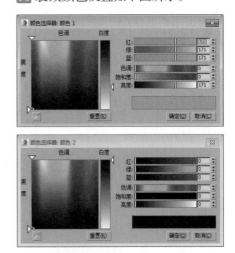

07 返回上一级设置面板，设置漫反射颜色、反射参数与折射参数，如下图所示。

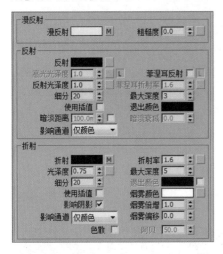

08 漫反射颜色设置如下图所示。

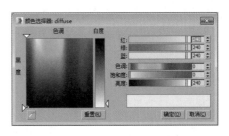

09 创建好的纱窗材质效果如下图所示。

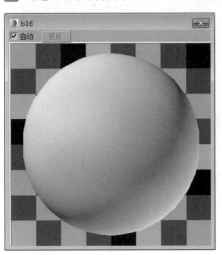

10 最后将材质指定给物体，效果如下图所示。

5.3.3　毛巾材质

　　毛巾材质与其他织物材质的设置方法一致，为了表现出逼真的毛巾材质，这里我们使用了"贴图"卷展栏中的置换通道，具体的制作过程如下：

01 打开素材文件，如下图所示。

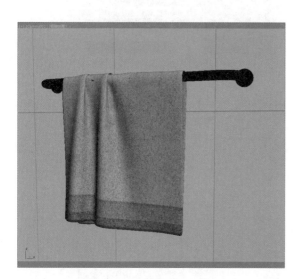

02 按M键打开材质编辑器，选择一个空白材质球，设置为VRayMtl材质类型，在"贴图"卷展栏中分别为漫反射通道和置换通道添加位图贴图，并设置"置换"值，其余设置保持默认，如下图所示。

03 漫反射通道添加的贴图如下图所示。

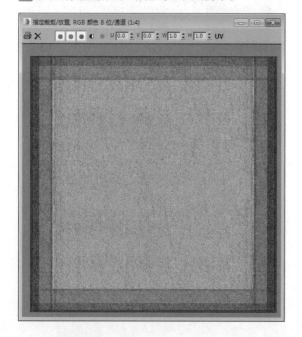

04 置换通道添加的位图贴图如下图所示。

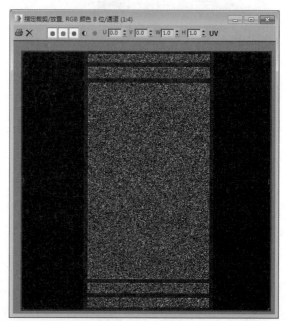

05 创建好的毛巾材质球效果如下图所示。

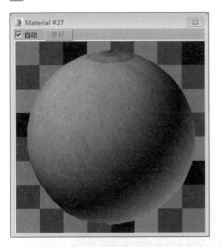

06 最后将材质指定给物体，效果如下图所示。

操作提示

3ds Max中"置换"和"凹凸"选项都是用于模拟物体凹凸纹理效果的。凹凸通道可以模拟出自然界中各种肌理质感的凹凸效果，在凹凸较强时，可以使用"置换"选项对纹理的凹凸进行加强。

5.3.4 地毯材质

　　地毯材质的创建与其他布料有很多相似的地方，通常在表现地毯时，需要给地毯材质设置一定的凹凸或者置换效果，也可以为其创建毛发物体模拟地毯毛茸茸的感觉，这些要根据地毯的纹理需求来进行制作，下面介绍办公场所常用地毯材质的制作：

01 打开素材文件，如下图所示。

02 按M键打开材质编辑器，选择一个空白材质球，设置为VRayMtl材质类型，在"贴图"卷展栏中为漫反射通道和凹凸通道添加位图贴图，再设置"凹凸"值，如下图所示。

贴图		
漫反射	100.0 ✔	Map #5 (2013011169092625.jpg)
粗糙度	100.0 ✔	无
自发光	100.0 ✔	无
反射	100.0 ✔	无
高光光泽	100.0 ✔	无
反射光泽	100.0 ✔	无
菲涅耳折射率	100.0 ✔	无
各向异性	100.0 ✔	无
各向异性旋转	100.0 ✔	无
折射	100.0 ✔	无
光泽度	100.0 ✔	无
折射率	100.0 ✔	无
半透明	100.0 ✔	无
烟雾颜色	100.0 ✔	无
凹凸	100.0 ✔	Map #6 (2013011169092625.jpg)
置换	100.0 ✔	无
不透明度	100.0 ✔	无
环境	✔	无

03 漫反射通道及凹凸通道添加的地毯贴图如下图所示。

04 创建好的地毯材质效果如下图所示。

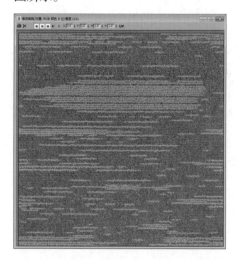

05 最后将材质指定给物体，效果如右图所示。

5.3.5 羊绒围巾材质

　　羊绒材质表面均匀柔软，细腻且富有弹性。本小节中要介绍的是带有格子图案的羊绒围巾材质的制作，下面通过具体实例向读者介绍制作过程。

01 打开素材文件，如下图所示。

02 按M键打开材质编辑器，选择一个空白材质球，设置为多维/子对象材质类型，设置两个子材质数量，并设置子材质类型为VRayMtl，如下图所示。

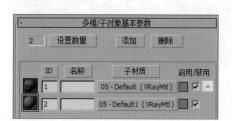

03 进入子材质1参数面板，在"贴图"卷展栏中为漫反射通道添加位图贴图，为凹凸通道添加混合贴图并设置"凹凸"值，如下图所示。

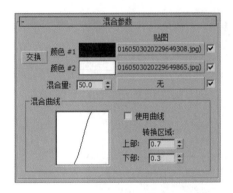

04 漫反射通道添加的位图贴图如下图所示。

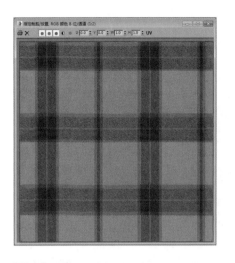

05 进入混合贴图参数面板，为颜色1和颜色2添加位图贴图并设置混合量，如下图所示。

06 颜色1添加的位图贴图如下图所示。

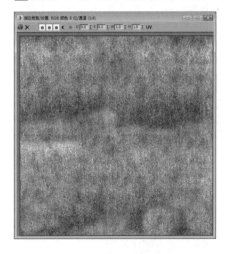

07 颜色2添加的位图贴图如下图所示。

08 设置好的材质球如下图所示。

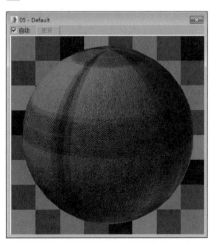

09 进入材质2参数设置面板，为漫反射通道和凹凸通道添加相同的位图贴图并设置"凹凸"值，如下图所示。

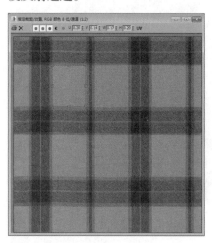

10 进入"位图参数"卷展栏，勾选"应用"复选框并设置相关参数，如下图所示。

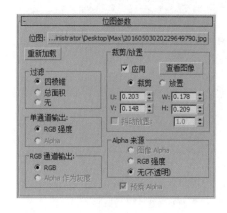

11 单击"查看图像"按钮，调整裁剪框至下图红色框线的位置，凹凸通道位图贴图的设置同漫反射通道。

12 设置好的材质球如下图所示。

13 将材质指定给场景中的围巾模型，渲染效果如右图所示。

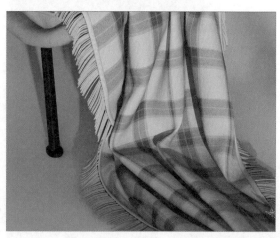

Section 5.4 制作其他材质

除了前面介绍的各种材质外，纸张、皮革材质也是在效果图制作中比较常见的，本小节将介绍这两种材质的制作方法。

5.4.1 纸张材质

纸张物体具有一定的光泽度和透明度，根据纸张厚度的不同，在光线照射下背光部分会出现不同的透光效果，下面将介绍纸张材质的制作方法：

01 打开素材文件，如下图所示。

02 按M键打开材质编辑器，选择一个空白材质球，设置为VRayMtl材质类型，为漫反射通道添加位图贴图，设置反射颜色及折射颜色，再设置反射参数，取消勾选"菲涅尔反射"复选框，如下图所示。

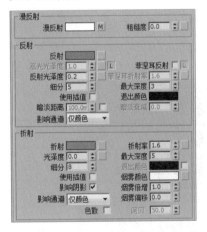

03 为漫反射通道添加的纸张贴图如下图所示。

04 反射颜色与折射颜色参数设置如下图所示。

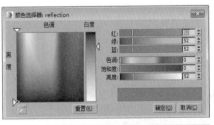

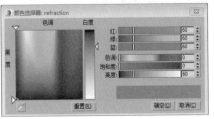

05 创建好的纸张材质球效果如下图所示。

06 最后将材质指定给物体，效果如下图所示。可以看到纸张的投影比打印机的投影要偏浅一些。

5.4.2　皮革材质

　　皮革材质具有较柔和的高光和较弱的反射，表面纹理很强，质感清晰。下面介绍该材质的制作方法：

01 打开素材文件，如下图所示。

02 按M键打开材质编辑器，选择一个空白材质球，设置为VRayMtl材质类型，设置漫反射颜色和反射颜色，再设置反射参数，如下图所示。

03 漫反射颜色及反射颜色设置如下图所示。

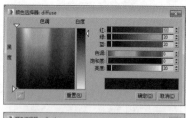

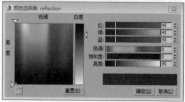

04 在"双向反射分布函数"卷展栏中设置函数类型为"沃德"，如下图所示。

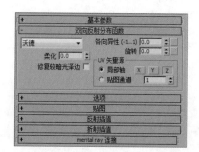

05 在"贴图"卷展栏中为凹凸通道添加位图贴图，并设置"凹凸"值为55，如下图所示。

贴图			
漫反射	100.0	✓	无
粗糙度	100.0	✓	无
自发光	100.0	✓	无
反射	100.0	✓	无
高光光泽	100.0	✓	无
反射光泽	100.0	✓	无
菲涅耳折射率	100.0	✓	无
各向异性	100.0	✓	无
各向异性旋转	100.0	✓	无
折射	100.0	✓	无
光泽度	100.0	✓	无
折射率	100.0	✓	无
半透明	100.0	✓	无
烟雾颜色	100.0	✓	无
凹凸	55.0	✓	Map #35 (843322-008-embed.jpg)
置换	100.0	✓	无
不透明度	100.0	✓	无
环境		✓	无

06 为凹凸通道添加的位图贴图如下图所示。

07 单击位图贴图进入"坐标"卷展栏，设置瓷砖的UV向数值，如下图所示。

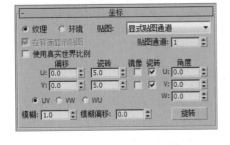

08 创建好的皮质材质球效果如下图所示。

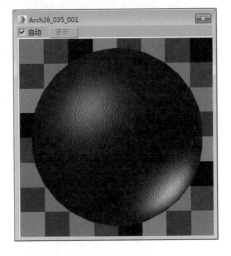

09 最后将材质指定给物体，效果如下图所示。

Chapter 6
露天餐厅
——傍晚效果表现

Section 6.1 案例介绍

　　本案例中表现的是一个露天餐厅场景的傍晚效果，夜幕笼罩，华灯初上。场景中的天光光线较暗，材质的质感表现不甚明显，但灯光的效果很突出。效果图的制作重点是利用各种灯光来表现夜晚的效果，线框效果和最终渲染效果，如下图所示。

下面是一些细节的渲染，读者可以近距离观察物体的质感效果，如下图所示。

Chapter 1

Chapter 2

Chapter 3

Chapter 4

Chapter 5

Chapter 6

Chapter 7

Chapter 8

Chapter 9

Section **6.2** 场景白模效果

在制作室内设计效果图的过程中，经常会使用到白模效果或者线框图，根据场景的色调确定白模颜色。白模效果其实是一种辅助渲染的手段，在白模效果图中，设计者可以观察灯光和冷暖关系是否合理，有时候也可以发现模型问题。

01 首先设置白模材质。按M键打开材质编辑器，选择一个空白材质球，设置为VRayMtl材质类型，为漫反射通道添加VR-边纹理贴图，其余设置保持默认参数，如右图所示。

02 进入边纹理参数设置面板，设置纹理的"像素"值，如下图所示。

03 设置好的白模材质球如下图所示。

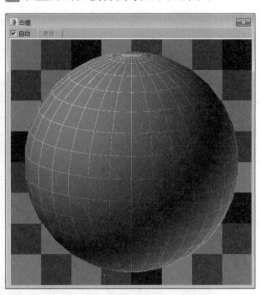

04 按F10键打开渲染设置面板，在"全局开关"卷展栏中勾选"覆盖材质"复选框，并将材质编辑器中创建的白模材质拖曳到该面板中，如下图所示。

05 渲染场景，白模效果如下图所示。

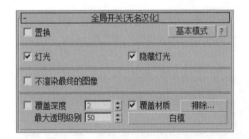

Section 6.3 设置场景材质

本案例中主要以灯光表现为主，视野中能够表现出的材质不多，这里主要介绍几种常见材质的制作。

6.3.1 设置建筑主体材质

场景中的主体材质包括外墙漆材质、防腐木架材质、钢化玻璃材质、青砖地面材质以及毛石材质。下面介绍材质的具体制作过程：

01 首先设置外墙漆材质。按M键打开材质编辑器，选择一个空白材质球，设置为VRayMtl材质类型，设置漫反射颜色及反射颜色，再设置反射参数，如下图所示。

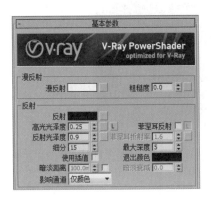

02 漫反射颜色及反射颜色参数设置如下图所示。

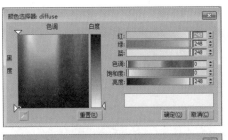

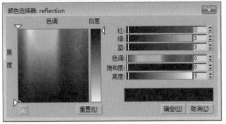

03 在"选项"卷展栏中取消勾选"跟踪反射"复选框，如下图所示。

04 设置好的外墙漆材质球如下图所示。

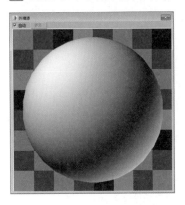

05 接着设置地面材质。选择一个空白材质球，设置为VRayMtl材质类型，为漫反射通道和凹凸通道添加位图贴图，设置凹凸强度值，如下图所示。

06 为漫反射通道和凹凸通道添加相同的位图，如下图所示。

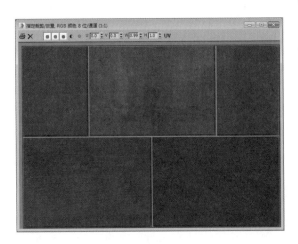

07 返回到基本参数卷展栏，设置反射颜色及参数，如下图所示。

09 接着设置毛石材质。选择一个空白材质球并设置为VRayMtl材质，为漫反射通道、凹凸通道添加位图贴图，为反射通道添加衰减贴图，再设置凹凸强度值，如下图所示。

11 进入衰减贴图参数面板，设置衰减颜色及衰减类型，如下图所示。

08 设置好的地砖材质球如下图所示。

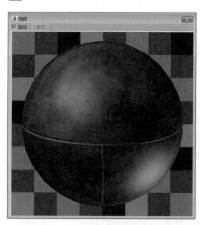

10 为漫反射通道及凹凸通道添加的位图贴图如下图所示。

12 衰减颜色2参数设置如下图所示。

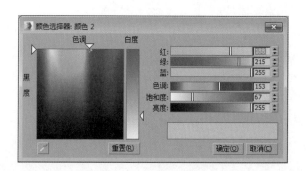

13 在"基本参数"卷展栏中设置反射参数，如下图所示。

15 设置顶棚防腐木材质。选择一个空白材质球并设置为VRayMtl材质，为漫反射通道和凹凸通道添加位图贴图，设置凹凸强度值，再为反射通道添加衰减贴图，如下图所示。

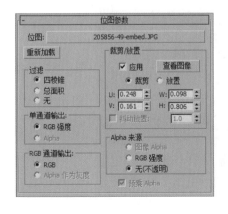

17 在"位图参数"卷展栏中勾选"应用"复选框，如下图所示。

14 设置好的毛石材质球如下图所示。

16 为漫反射通道和凹凸通道添加位图贴图后，调整裁剪框，如下图所示。

18 在衰减贴图参数面板中设置衰减类型，如下图所示。

19 返回到基本参数设置面板，设置反射参数，如下图所示。

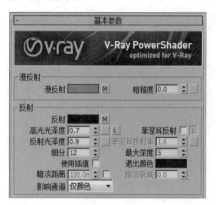

20 设置好的防腐木材质球如下图所示。

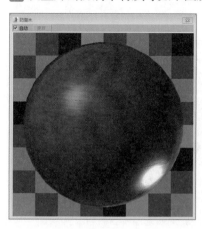

21 设置玻璃材质。选择一个空白材质球并设置为VRayMtl材质，设置漫反射颜色与折射颜色，为反射通道添加衰减贴图，再设置反射参数与折射参数，如下图所示。

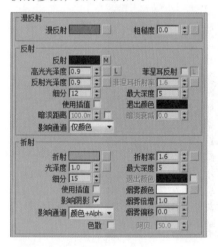

22 接着设置漫反射颜色与折射颜色参数，如下图所示。

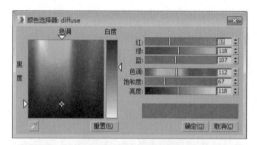

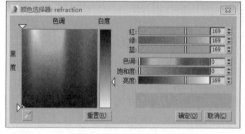

23 进入衰减贴图参数面板，设置衰减类型，如下图所示。

24 设置好的钢化玻璃材质球如下图所示。

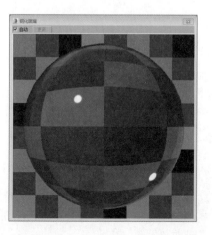

6.3.2 设置餐桌椅组合材质

场景中的餐桌椅组合中，除了餐桌椅外，还有杯盘、红酒、花束等模型，在本小节中都会详细介绍，下面介绍这些材质的具体制作过程：

01 首先设置桌布材质。选择一个空白材质球并设置为VRayMtl材质，为漫反射通道添加衰减贴图，为凹凸通道添加位图贴图并设置凹凸强度值，如下图所示。

02 为衰减颜色1和2的贴图通道添加位图贴图，如下图所示。

03 所添加的位图贴图效果如下图所示。

04 返回到上一级，为凹凸通道添加位图贴图，效果如下图所示。

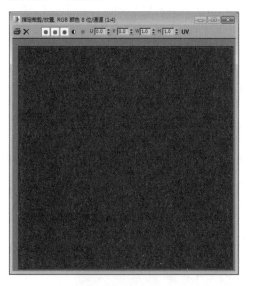

05 设置好的桌布材质球，效果如下图所示。

06 要设置白瓷材质，则选择一个空白材质球并设置为VRayMtl材质，设置漫反射颜色与反射颜色后，再设置反射参数，如下图所示。

07 漫反射颜色与反射颜色参数设置如下图所示。

08 设置好的白瓷材质球如下图所示。

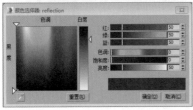

09 要设置玻璃酒杯材质，则选择一个空白材质球并设置为VRayMtl材质后，设置漫反射颜色、反射颜色及折射颜色，再设置反射参数与折射参数，如下图所示。

10 各个颜色参数设置如下图所示。

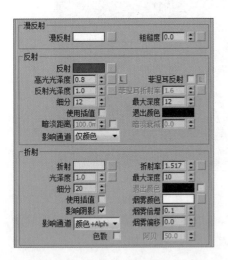

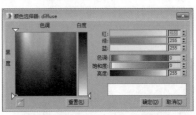

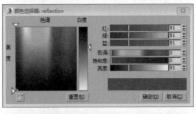

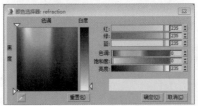

11 在"双向反射分布函数"卷展栏中设置各向异性参数值，如下图所示。

13 要设置红酒材质，则先选择一个空白材质球并设置为VRayMtl材质，然后设置漫反射颜色、反射颜色、折射颜色以及烟雾颜色，再设置反射及折射参数，如下图所示。

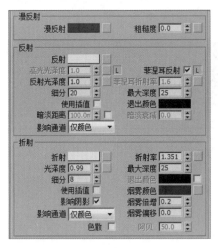

15 烟雾颜色参数设置如下图所示。

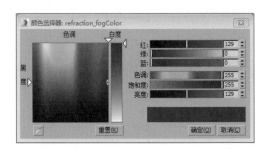

12 设置好的玻璃材质球如下图所示。

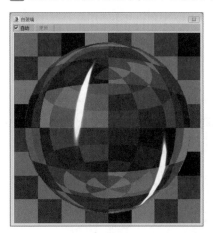

14 漫反射颜色与反射颜色参数设置如下图所示。

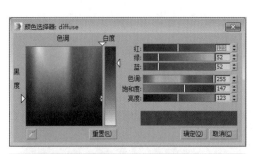

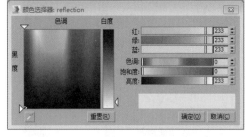

16 设置好的红酒材质如下图所示。

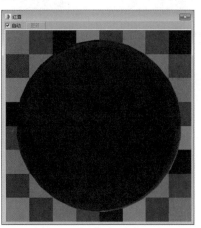

17 要设置不锈钢材质，则先选择一个空白材质球并设置为VRayMtl材质，然后设置漫反射颜色与反射颜色，再设置反射参数，如下图所示。

18 漫反射颜色与反射颜色参数设置如下图所示。

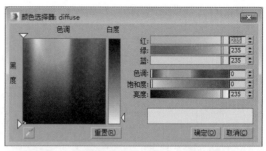

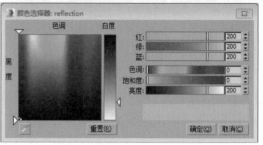

19 设置好的不锈钢材质球效果如下图所示。

20 将材质指定给场景中的模型，渲染效果如下图所示。

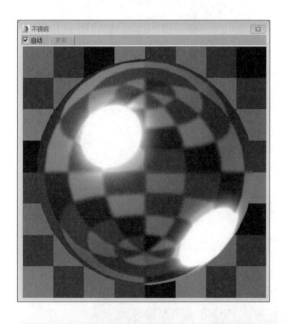

6.3.3　设置秋千和植物材质

场景中的木质秋千使用的材质同顶棚的材质相同，另外还有金属扣件、灯具材质和植物材质的制作。下面介绍这些材质的具体操作步骤：

01 首先设置金属材质。选择一个空白材质球并设置为VRayMtl材质，设置漫反射颜色、反射颜色及反射参数，如下图所示。

02 漫反射颜色与反射颜色参数设置如下图所示。

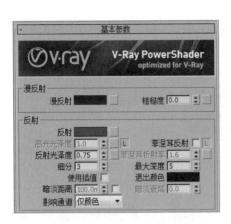

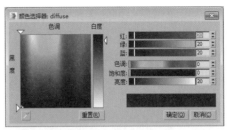

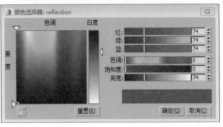

03 设置好的金属材质球如下图所示。

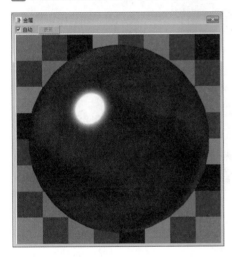

04 要设置壁灯灯架材质，则先选择一个空白材质球并设置为VRayMtl材质，然后设置漫反射颜色、反射颜色及反射参数，如下图所示。

05 漫反射颜色及反射颜色的参数设置如下图所示。

06 设置好的材质球效果，如下图所示。

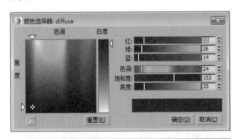

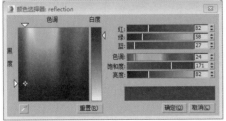

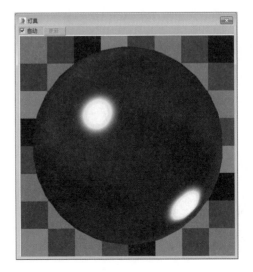

07 要设置壁灯灯罩材质，则先选择一个空白材质球，将选择的空白材质球设置为VRayMtl材质，设置漫反射颜色、反射颜色、折射颜色、反射参数以及折射参数，如下图所示。

08 漫反射颜色、反射颜色、折射颜色的参数设置如下图所示。

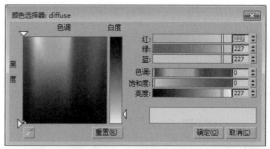

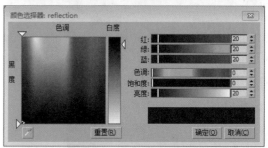

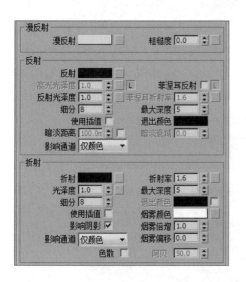

09 设置好的灯罩材质球，效果如下图所示。

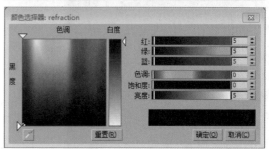

10 要设置植物叶子材质，则先选择一个空白材质球并设置为VRayMtl材质，为漫反射通道和凹凸通道添加位图贴图后，设置凹凸强度值，如下图所示。

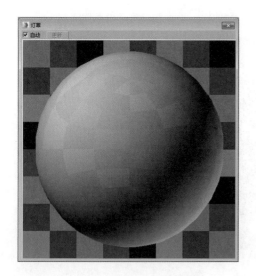

11 为漫反射通道添加的位图贴图如下图所示。

12 为凹凸通道添加的位图贴图如下图所示。

13 返回到"基本参数"卷展栏，设置反射颜色及参数，如下图所示。

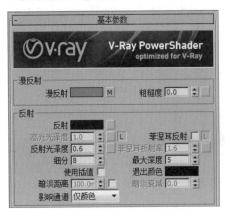

14 反射颜色参数设置如下图所示。

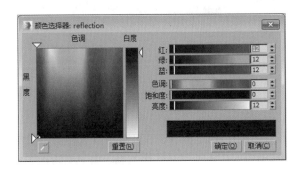

15 设置好的植物材质球，效果如下图所示。

16 将设置好的材质指定给场景中的模型，渲染效果如下图所示。

6.3.4　设置吊灯材质

本案例中的吊灯是用手工编织的灯罩，利用几根简单的铁丝和大号不锈钢钉固定到顶部。本小节单独介绍吊灯材质的制作，包括不锈钢材质、镂空编织灯罩材质及自发光灯罩材质。下面介绍具体的操作步骤：

01 首先设置不锈钢材质。选择一个空白材质球并设置为VRayMtl材质，设置漫反射颜色、反射颜色与反射参数，如下图所示。

02 对漫反射颜色与反射颜色参数进行设置，如下图所示。

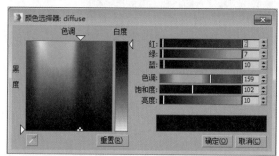

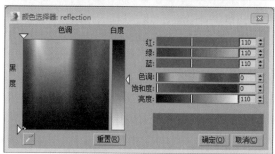

03 设置好的不锈钢材质球效果，如下图所示。

04 要设置塑料材质，则选择一个空白材质球并设置为VRayMtl材质，为漫反射通道和凹凸通道添加位图贴图后，设置凹凸强度值，如下图所示。

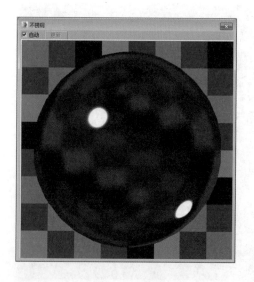

05 添加的位图贴图如下图所示。

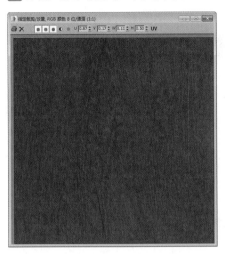

07 反射颜色参数设置如下图所示。

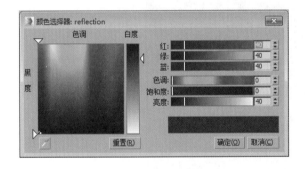

09 按照同样的方法制作另外一种颜色的塑料材质，材质球效果如下图所示。

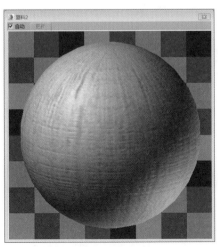

06 在"基本参数"卷展栏中设置反射颜色及参数，如下图所示。

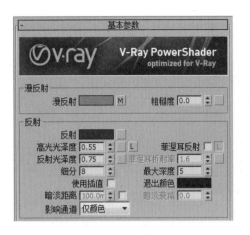

08 设置好的塑料材质球如下图所示。

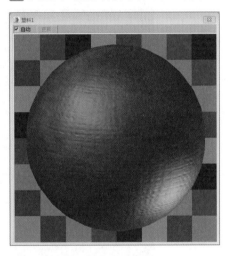

10 要制作自发光材质，则先选择一个空白材质球，保持默认材质类型，勾选"自发光"选项区域中的"颜色"复选框后，设置自发光颜色，如下图所示。

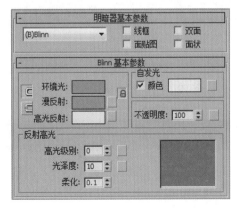

11 自发光颜色参数设置如下图所示。

12 设置好的自发光材质球如下图所示。

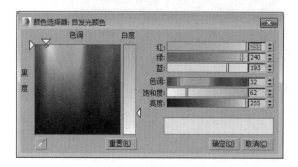

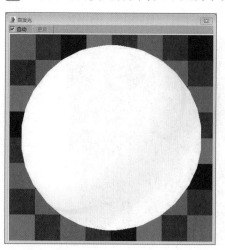

13 将创建好的材质指定给场景中的吊灯模型，渲染效果如下图所示。

Section 6.4 设置场景光源

　　夜晚场景中着重突出的就是灯光效果，本案例效果制作中最为重要的就是本节的场景光源设置操作，并且运用到了前面章节所需的大部分灯光知识。

6.4.1 创建天光和环境光源

　　夜晚的露天场景，受到来自天光以及周围场景灯光的影响，这里要创建的就是天光和环境光源，具体操作步骤介绍如下：

01 首先创建环境光源。利用曲线挤出功能制作出一个面，并调整到合适的位置，如下图所示。

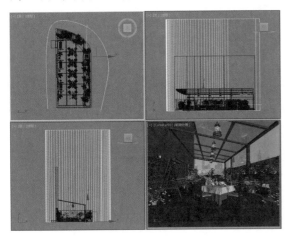

02 在材质编辑器中选择一个空白材质球，将空白材质球设置为VR-灯光材质，设置灯光颜色并为其添加位图贴图，设置相关参数，如下图所示。

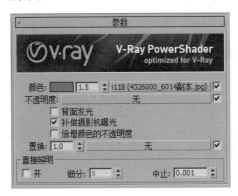

03 灯光颜色设置如下图所示。

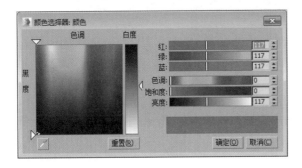

04 所添加的位图贴图效果，如下图所示。

05 设置好的材质球如下图所示。

06 将材质指定给刚才创建的图形，并为其添加UVW贴图，调整贴图参数，效果如下图所示。

07 若要创建天光光源，则先创建一盏目标平行光，调整灯光位置及角度，如下图所示。

08 开启VR-阴影，调整灯光强度、颜色、平行光参数以及阴影参数，如下图所示。

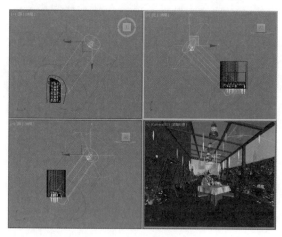

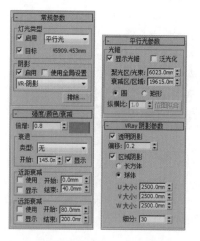

09 灯光颜色设置如右图所示。

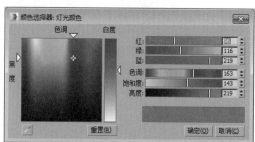

6.4.2 创建内部场景光源

在四周光线较暗的情况下，效果图中要表现的区域需要加强灯光的衬托。明暗对比下，使读者能够清晰地感受到场景中的氛围。

01 创建球体VR灯光并进行实例复制，调整到合适的位置，如下图所示。

02 调整灯光倍增强度、颜色等参数，如下图所示。

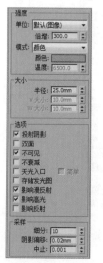

03 灯光颜色参数如下图所示。

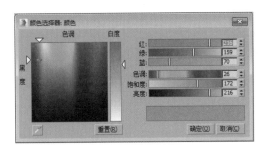

04 继续创建矩形VR灯光并进行复制，调整到合适的位置，如下图所示。

05 调整灯光倍增强度、颜色等参数，如下图所示。

06 灯光颜色参数设置如下图所示。

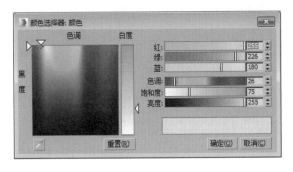

07 要创建补光，则先创建自由灯光，为灯光添加光域网文件，再设置其他参数，如下图所示。

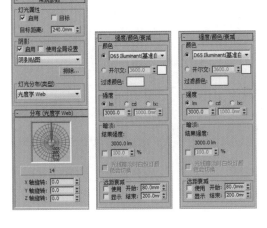

08 灯光颜色参数设置，如下图所示。

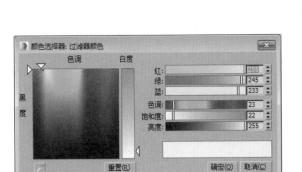

Section 6.5 渲染参数设置

渲染参数设置对于效果图的出图尤为重要，通过合适的参数设置，可以将设计师需要的效果展现到读者的眼前，这些都需要反复测试并确认才能得到最终结果。

6.5.1 测试渲染效果

场景中的灯光文件很多，会导致渲染时间过长。这时使用测试渲染效果可以让我们确认场景效果的灯光明暗、材质纹理是否表现的合适。下面将介绍测试渲染参数的设置，具体如下：

01 打开渲染设置面板，设置 一个较小的输出尺寸，如下图所示。

02 在"帧缓冲区"卷展栏中取消勾选"启用内置帧缓冲区"复选框，如下图所示。

03 设置抗锯齿类型以及过滤器类型，如下图所示。

04 设置低级别的发光图参数，再设置"细分"和"插值采样"的值，如下图所示。

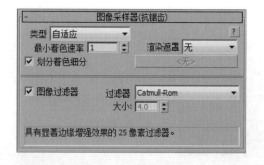

05 设置灯光缓存的"细分"值为400，勾选相关复选框，如下图所示。

06 渲染场景，观察初步渲染的测试效果，如下图所示。

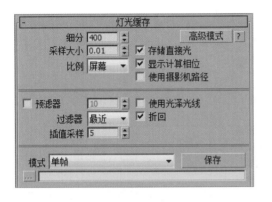

6.5.2 利用光子图渲染最终效果

效果图的制作过程中不可避免会遇到较大的模型场景或者是场景光源非常多的情况，这些会导致渲染速度变慢，影响工作效率。渲染光子图通过将光子与材质分步渲染的方法，大大缩减了渲染时间，为设计者提供了很大的便利，下面介绍具体的操作过程：

01 首先设置出图尺寸，光子图的出图尺寸不必太大，为最终出图大小的三分之一或者四分之一即可，如下图所示。

02 在"全局开关"卷展栏中勾选"不渲染最终的图像"复选框，如下图所示。

03 在"发光图"卷展栏中设置自定义预设模式，并设置相关参数值，设置"模式"为"多帧增量"，并设置发光图要保存的位置，如下图所示。

04 在"灯光缓存"卷展栏中设置较高的"细分"值,设置"模式"为"渐进路径跟踪",并设置灯光图保存的位置,如下图所示。

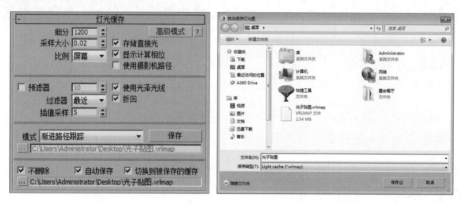

05 设置完成后,进行光子图的渲染即可,光子图渲染完毕后,发光图及灯光缓存的模式会自动切换成"从文件",如下图所示。

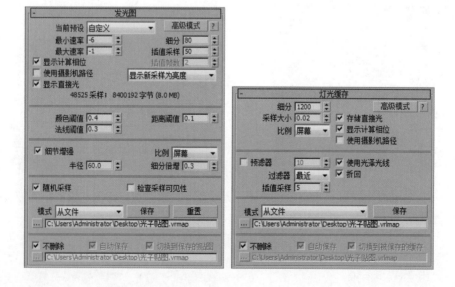

06 重新设置出图尺寸，如下图所示。

```
公用参数
时间输出
● 单帧                        每N帧: 1
○ 活动时间段:    0 到 100
○ 范围:  0      至  100
         文件起始编号: 0
○ 帧:    1,3,5-12

要渲染的区域
视图                   □ 选择的自动区域

输出大小
自定义                  光圈宽度(毫米): 36.0
宽度:  3000            320x240    720x486
高度:  2400            640x480    800x600
图像纵横比: 1.25000  像素纵横比: 1.0
```

07 取消勾选"不渲染最终的图像"复选框，如下图所示。

```
全局开关[无名汉化]
☑ 置换                          基本模式  ?
☑ 灯光                ☑ 隐藏灯光
□ 不渲染最终的图像
□ 覆盖深度      2      □ 覆盖材质    排除...
  最大透明级别  50            白模
```

08 在"自适应图像采样器"卷展栏中设置细分值，如下图所示。

```
自适应图像采样器
最小细分 1
最大细分 6                              ?
☑ 使用确定性蒙特卡洛采样器阈值  颜色阈值 0.01
```

09 在"全局确定性蒙特卡洛"卷展栏中设置相关参数，如下图所示。

```
全局确定性蒙特卡洛
自适应数量 0.85                        ?
噪波阈值 0.005   ☑ 时间独立
全局细分倍增 1.0          最小采样 15
```

10 设置完毕，渲染最终效果，如下图所示。

Section 6.6 效果图后期处理

后期处理是制作效果图过程中较为关键的一步，将渲染成品通过Photoshop软件进行进一步美化处理，达到视觉上的完美效果。下面介绍效果图后期处理的具体操作步骤：

01 用Photoshop软件打开效果图，如下图所示。

02 执行"图像>调整>色相/饱和度"命令，打开"色相/饱和度"对话框，调整黄色的饱和度和明度，如下图所示。

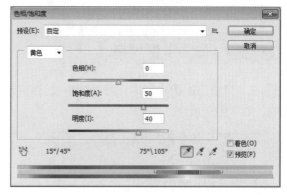

03 调整后效果如下图所示，可以看到场景中的灯光光线变亮了。

04 继续调整蓝色的饱和度和明度，如下图所示。

05 调整后可以看到天空变暗了，更加接近傍晚的效果，如右图所示。

- 145 -

Section 6.6 效果图后期处理

后期处理是制作效果图过程中较为关键的一步，将渲染成品通过Photoshop软件进行进一步美化处理，达到视觉上的完美效果。下面介绍效果图后期处理的具体操作步骤：

01 用Photoshop软件打开效果图，如下图所示。

02 执行"图像>调整>色相/饱和度"命令，打开"色相/饱和度"对话框，调整黄色的饱和度和明度，如下图所示。

03 调整后效果如下图所示，可以看到场景中的灯光光线变亮了。

04 继续调整蓝色的饱和度和明度，如下图所示。

05 调整后可以看到天空变暗了，更加接近傍晚的效果，如右图所示。

06 执行"图像>调整>亮度/对比度"命令，打开"亮度/对比度"对话框，调整亮度及对比度的值，如右图所示。

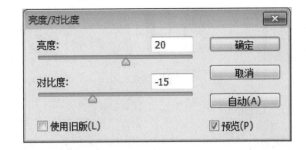

07 调整后可以看到，原来比较清冷的场景效果中增添了一份暖色。

Chapter 7

卧室场景

——东南亚风格表现

本章学习要点

各种材质的创建

场景灯光的设置

测试渲染参数的设置

最终渲染参数的设置

Section 7.1 案例介绍

　　近年来在室内设计中，不少人很喜欢东南亚风格，该风格既结合了东南亚民族岛屿特色，又颇显精致文化品位，在取材上以实木为主，软装饰品颜色较深且绚丽。本章中介绍的就是东南亚风格的卧室效果，白模效果和最终渲染效果如下图所示。

　　下面是一些细节的渲染，读者可以近距离观察物体的质感效果，如下图所示。

Section 7.2 场景白模效果

下面介绍使用白模效果为卧室场景进行渲染，具体操作步骤如下。

01 首先设置白模材质。按M键打开材质编辑器，选择一个空白材质球，设置为VRayMtl材质类型，再设置漫反射颜色，如下图所示。

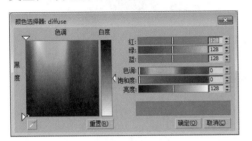

02 设置好的材质球如下图所示。

03 按F10键打开渲染设置面板，在"全局开关"卷展栏中勾选"覆盖材质"复选框，并将材质编辑器中创建的白模材质拖曳到该面板中，如下图所示。

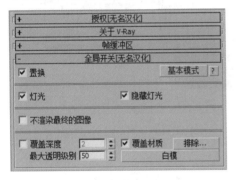

04 渲染场景，白模效果如下图所示。

Section 7.3 设置场景材质

下面介绍本案例场景中几种常见材质的制作方法，包括建筑主体材质、吊灯材质、床头灯材质、装饰品材质、双人床材质以及电视机材质等。

7.3.1 设置建筑主体材质

首先来设置场景的主体材质，包括地面、墙体、顶面三个部分。其中顶面含有两种乳胶漆材质，墙面除了乳胶漆材质外还有背景墙面材质，下面介绍材质的制作过程：

01 首先设置乳胶漆材质。按M键打开材质编辑器，选择一个空白材质球，设置为VRayMtl材质类型，设置漫反射颜色为白色，其余设置保持默认，如下图所示。

03 选择一个空白材质球，设置为VRayMtl材质类型，设置漫反射颜色为灰色，其余设置保持默认，如下图所示。

05 创建好的灰色乳胶漆材质球如下图所示。

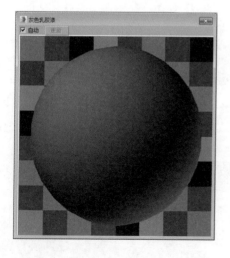

02 创建好的白色乳胶漆材质球如下图所示。

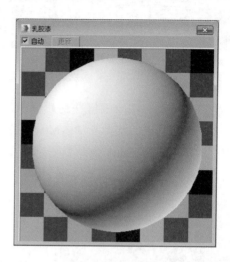

04 漫反射颜色的具体参数设置如下图所示。

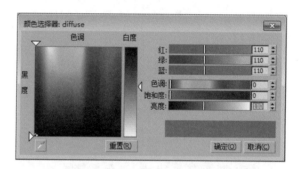

06 要设置地板材质，则需选择一个空白材质球并设置为VRayMtl材质，在"贴图"卷展栏中为漫反射及凹凸通道添加位图贴图，设置凹凸值后，为反射通道添加衰减贴图，如下图所示。

07 打开衰减参数设置面板，设置衰减颜色及衰减类型，如下图所示。

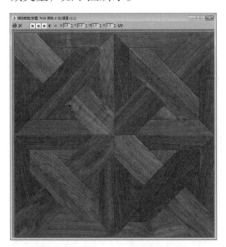

08 凹凸通道添加的位图贴图效果，如下图所示。

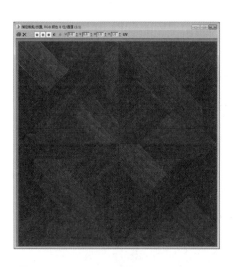

09 在衰减参数面板中设置衰减颜色及衰减类型，如下图所示。

10 衰减颜色2参数设置如下图所示。

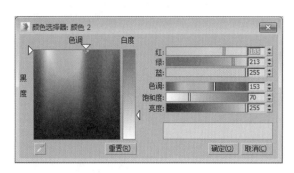

11 返回到基本参数面板，设置反射参数，如下图所示。

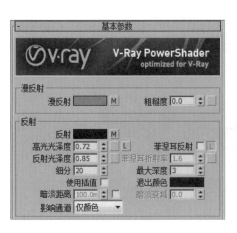

12 设置好的地板材质球效果如下图所示。

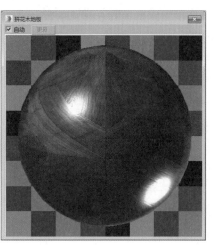

13 要设置背景墙面材质，则先选择一个空白材质球并设置为VRayMtl材质，在"贴图"卷展栏中为漫反射及凹凸通道添加位图贴图后，设置凹凸值，为反射通道添加衰减贴图，如下图所示。

15 凹凸通道添加的位图贴图效果，如下图所示。

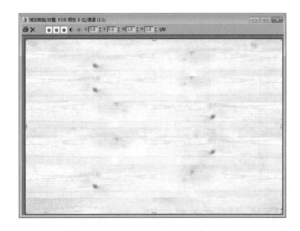

17 返回到基本参数设置面板，设置反射参数，如下图所示。

14 漫反射通道添加的位图贴图效果，如下图所示。

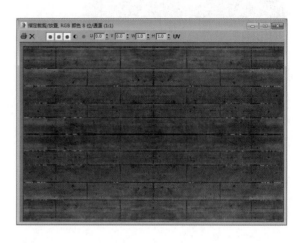

16 进入衰减参数设置面板，设置衰减颜色和衰减类型，如下图所示。

18 设置好的背景墙面材质球效果，如下图所示。

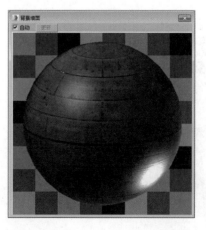

19 要设置木材材质，则先选择一个空白材质球设置为VRayMtl材质，在"贴图"卷展栏中为漫反射通道添加位图贴图，为反射通道添加衰减贴图，如下图所示。

21 进入衰减参数设置面板，设置衰减颜色和衰减类型，如下图所示。

23 设置好的木材质球效果如下图所示。

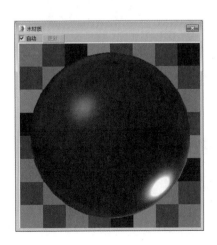

20 漫反射通道添加的位图贴图，效果如下图所示。

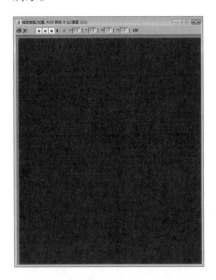

22 返回到基本参数设置面板，设置反射参数，如下图所示。

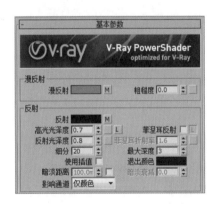

24 将创建好的材质指定给场景中的模型，渲染场景，效果如下图所示。

7.3.2 设置吊灯材质

场景中的吊灯是一个风扇吊灯模型，包括金属、木材和玻璃灯罩材质，下面将详细介绍这些材质的制作过程：

01 首先设置吊灯金属材质。选择一个空白材质球，设置为VRayMtl材质类型，在"贴图"卷展栏中为漫反射通道添加VR-污垢贴图，为凹凸通道添加噪波贴图并设置凹凸值，如下图所示。

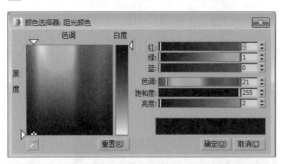

02 进入VRay污垢参数面板，设置阻光颜色及非阻光颜色等参数，如下图所示。

03 阻光颜色与非阻光颜色设置如下图所示。

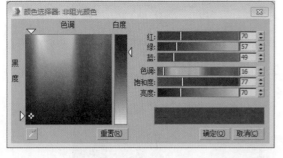

04 打开噪波参数面板，设置噪波类型及大小，如下图所示。

05 返回到基本参数设置面板，设置反射颜色及反射参数，如下图所示。

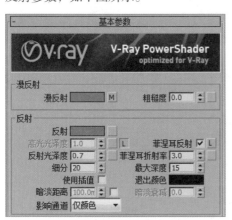

06 反射颜色参数设置如下图所示。

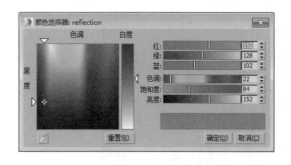

07 在"双向反射分布函数"卷展栏中设置"各向异性"及"旋转"参数，如下图所示。

08 设置好的金属材质球效果，如下图所示。

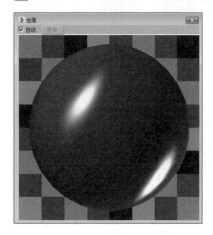

09 要设置木质瓷漆材质，则选择一个空白材质球，设置为VRayMtl材质类型，设置漫反射颜色及反射颜色，再设置反射参数，如下图所示。

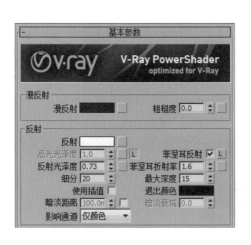

10 漫反射颜色及反射颜色参数如下图所示。

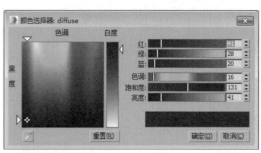

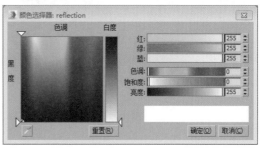

11 设置好的材质球效果，如下图所示。

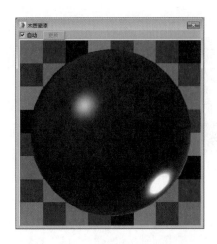

12 接着设置玻璃灯罩材质。选择一个空白材质球，设置为VRayMtl材质类型，设置漫反射颜色、反射颜色及折射颜色，再设置反射参数和折射参数，如下图所示。

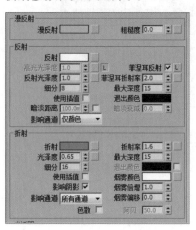

13 将反射颜色设置为白色，漫反射颜色及折射颜色设置如下图所示。

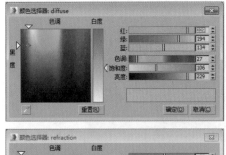

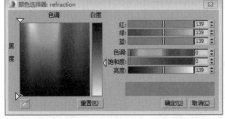

14 设置好的玻璃灯罩材质球效果，如下图所示。

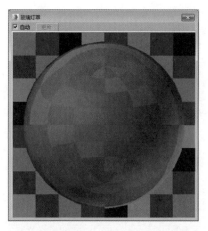

15 将创建好的材质指定给风扇吊灯模型，渲染效果如右图所示。

7.3.3 设置床头台灯及装饰品材质

本小节主要介绍床头柜区域的物体材质设置，包括床头柜的木纹材质、金属拉手材质、台灯材质、玻璃材质、花材质等，下面介绍这些材质具体的制作过程：

01 首先设置木纹理材质。选择一个空白材质球，设置为VRayMtl材质类型，在"贴图"卷展栏中为漫反射通道和反射通道添加衰减贴图，如下图所示。

02 进入漫反射通道的衰减参数面板，为衰减通道添加位图贴图，其余设置保持默认，如下图所示。

03 位图贴图效果如下图所示。

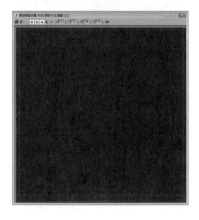

04 再进入反射通道的衰减参数面板，设置衰减类型，如下图所示。

05 返回到"基本参数"卷展栏，设置反射参数，如下图所示。

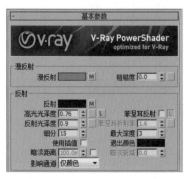

06 设置好的木纹理材质球如下图所示。

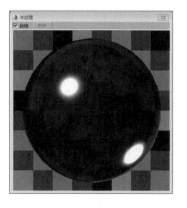

07 要设置做旧金属材质效果，则选择一个空白材质球，设置为VRayMtl材质类型，为漫反射通道及反射通道添加相同的位图贴图，再设置反射参数，如下图所示。

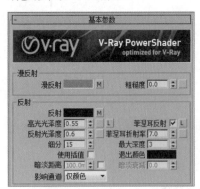

09 设置好的做旧金属材质球效果，如下图所示。

11 漫反射通道添加的位图贴图效果，如下图所示。

08 位图贴图效果如下图所示。

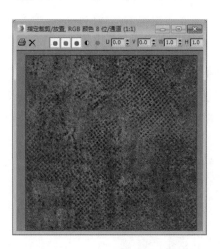

10 要设置台灯灯罩材质，则选择一个空白材质球，设置为VRayMtl材质类型，在"贴图"卷展栏中为漫反射通道添加位图贴图，为折射通道添加衰减贴图，如下图所示。

12 进入折射通道的衰减参数面板，设置衰减颜色和衰减类型，如下图所示。

13 衰减颜色设置如下图所示。

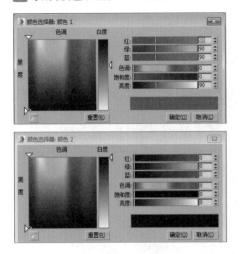

14 返回到"基本参数"卷展栏中，设置折射参数，如下图所示。

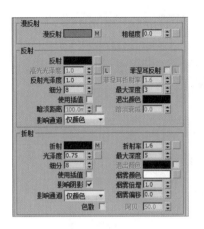

15 设置好的灯罩材质球效果，如下图所示。

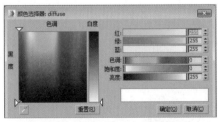

16 要设置玻璃材质，则选择一个空白材质球，设置为VRayMtl材质类型，设置漫反射颜色与反射颜色，取消勾选"菲涅尔反射"复选框，再为折射通道添加衰减贴图，如下图所示。

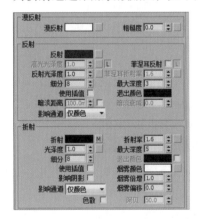

17 漫反射颜色与反射颜色设置如下图所示。

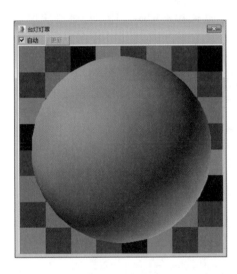

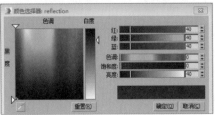

18 进入折射通道的衰减参数面板，设置衰减颜色，如下图所示。

19 衰减颜色设置如下图所示。

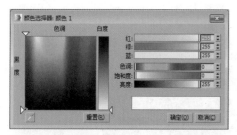

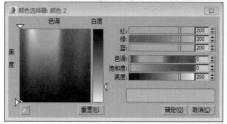

20 设置好的玻璃材质球效果，如下图所示。

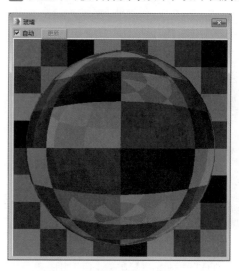

21 要设置花束材质，则选择一个空白材质球，设置为VR-覆盖材质类型，设置基本材质和全局照明材质都为VRayMtl材质，如下图所示。

22 打开基本材质设置面板，在"贴图"卷展栏中为漫反射通道和不透明度通道添加渐变坡度贴图，并设置不透明度值，如下图所示。

23 进入漫反射通道的渐变坡度参数面板，在"渐变坡度参数"卷展栏中设置渐变点，并设置颜色，如下图所示。

24 右键单击渐变点，在弹出的菜单中选择"编辑属性"命令，打开"标志属性"对话框，设置颜色参数，如下图所示。

25 再进入不透明度通道的渐变坡度参数面板，添加并设置渐变点，调整位置并设置颜色，如下图所示。

26 在基本参数面板中设置反射颜色、反射参数及折射影响通道类型，如下图所示。

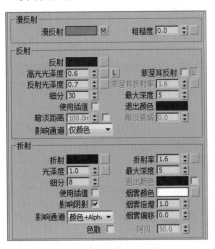

27 进入全局照明材质参数面板，设置漫反射颜色为白色，取消勾选"菲涅尔反射"复选框，其余设置保持默认，如下图所示。

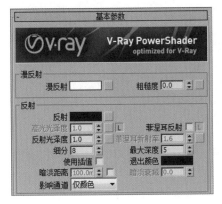

28 设置好的花束材质球效果，如下图所示。

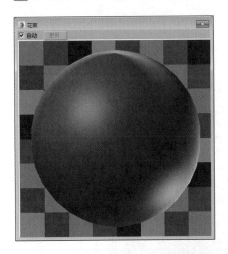

29 渲染床头柜位置，效果如右图所示。

7.3.4　设置双人床材质

本小节主要介绍双人床床品材质、多种布料材质、纸材质以及地毯材质的设置方法，下面介绍具体的制作过程：

01 首先设置布料1材质。选择一个空白材质球，设置为多维/子材质，设置材质数量为2，如下图所示。

02 将子材质1设置为VRayMtl材质，分别为漫反射通道和反射通道添加位图贴图，并设置反射参数，如下图所示。

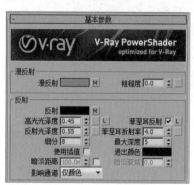

03 漫反射通道添加的位图贴图效果如下图所示。

04 反射通道添加的位图贴图效果如下图所示。

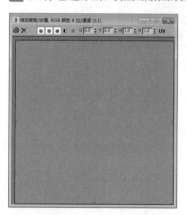

05 设置好的子材质1材质球效果，如下图所示。

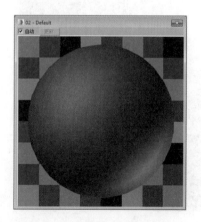

06 复制子材质1到子材质2通道后，更换漫反射通道的贴图即可，如下图所示。

07 设置好的子材质2材质球效果，如下图所示。

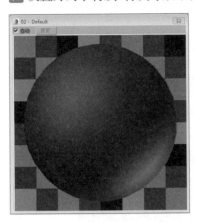

08 设置好的多维/自材质球效果，如下图所示。

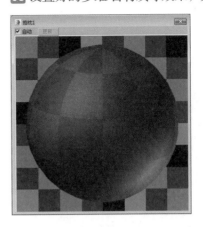

09 要设置抱枕2材质，则选择一个空白材质球，设置为VRayMtl材质类型，为漫反射通道和凹凸通道添加位图贴图，并设置凹凸值，其余设置保持默认，如下图所示。

10 漫反射通道和凹凸通道添加的位图贴图效果，如下图所示。

贴图			
漫反射	100.0	✓	#4 (3d66com2015-158-56-218.jpg)
粗糙度	100.0	✓	无
自发光	100.0	✓	无
反射	100.0	✓	无
高光光泽	100.0	✓	无
反射光泽	100.0	✓	无
菲涅耳折射率	100.0	✓	无
各向异性	100.0	✓	无
各向异性旋转	100.0	✓	无
折射	100.0	✓	无
光泽度	100.0	✓	无
折射率	100.0	✓	无
半透明	100.0	✓	无
烟雾颜色	100.0	✓	无
凹凸	10.0	✓	#5 (3d66com2015-158-56-218.jpg)
置换	100.0	✓	无
不透明度	100.0	✓	无

11 设置好的抱枕2材质球效果，如下图所示。

12 要设置抱枕3材质，则先选择一个空白材质球，设置为VRayMtl材质类型，在"贴图"卷展栏中为漫反射通道添加衰减贴图，为反射通道添加位图贴图，如下图所示。

贴图			
漫反射	100.0	✓	Map #2009（Falloff）
粗糙度	100.0	✓	无
自发光	100.0	✓	无
反射	100.0	✓	007 (3d66com2015-158-15-218.jpg)
高光光泽	100.0	✓	无
反射光泽	100.0	✓	无
菲涅耳折射率	100.0	✓	无
各向异性	100.0	✓	无
各向异性旋转	100.0	✓	无
折射	100.0	✓	无
光泽度	100.0	✓	无
折射率	100.0	✓	无
半透明	100.0	✓	无
烟雾颜色	100.0	✓	无
凹凸	30.0	✓	无
置换	100.0	✓	无
不透明度	100.0	✓	无
环境		✓	无

13 进入衰减参数面板，为衰减通道添加位图贴图，如下图所示。

14 衰减通道以及反射通道添加的位图贴图效果，如下图所示。

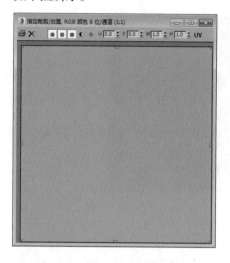

15 返回到基本参数设置面板，设置反射参数，如下图所示。

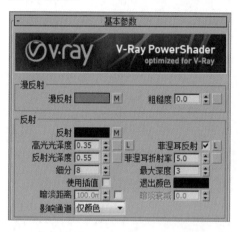

16 创建好的抱枕3材质球效果，如下图所示。

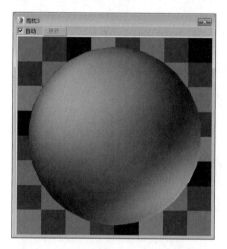

17 选择一个空白材质球，设置为混合材质类型，设置材质1和材质2都为VRayMtl材质类型，为遮罩通道添加位图贴图，如下图所示。

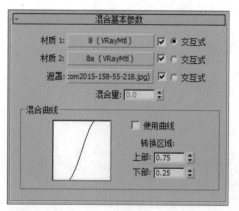

18 遮罩通道添加的位图贴图效果，如下图所示。

19 进入材质1设置面板，为漫反射通道添加衰减贴图，如下图所示。

20 进入衰减设置面板，为衰减通道添加位图贴图，如下图所示。

21 衰减通道1添加的位图贴图效果，如下图所示。

22 衰减通道2添加的位图贴图效果，如下图所示。

23 进入材质2设置面板，为漫反射通道和反射通道添加位图贴图，并设置反射参数，如下图所示。

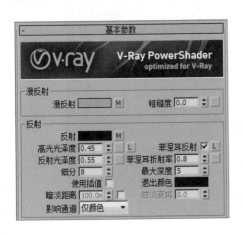

24 漫反射通道添加的位图贴图效果，如下图所示。

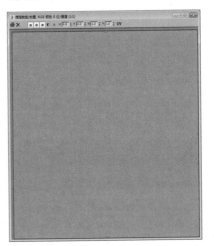

25 反射通道添加的位图贴图效果，如下图所示。

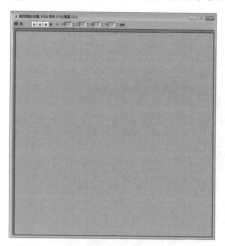

27 设置白纸材质。选择一个空白材质球，设置为VRayMtl材质类型，设置漫反射颜色和反射颜色，再设置反射参数，如下图所示。

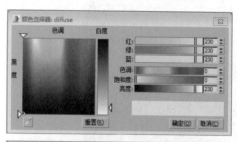

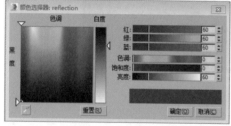

29 再制作其他材质，将制作好的材质指定给双人床位置的各个模型，渲染效果如右图所示。

26 设置好的毯子材质球效果，如下图所示。

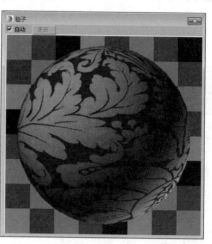

28 设置好的纸材质球效果，如下图所示。

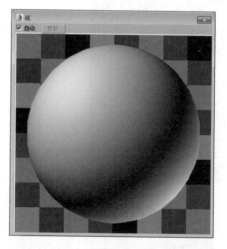

7.3.5 设置电视机材质

现在家庭中常用的电视机包括电视机壳、屏幕以及标志按钮三种材质，下面介绍电视机各组件材质的具体制作过程：

01 首先设置电视机壳材质。选择一个空白材质球，设置为VRayMtl材质类型，为漫反射通道和反射通道添加位图贴图，再设置反射参数，如下图所示。

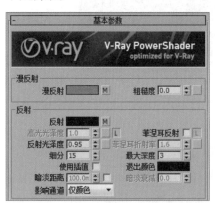

02 漫反射通道添加的位图贴图效果，如下图所示。

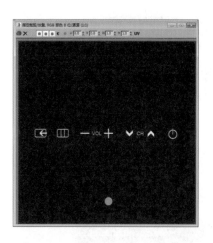

03 反射通道添加的位图贴图效果，如下图所示。

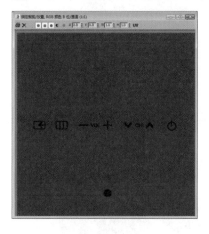

04 设置好的材质球效果，如下图所示。

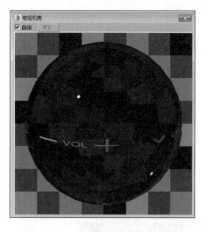

05 要设置电视机屏幕材质，则选择一个空白材质球，设置为VRayMtl材质类型，设置漫反射和反射颜色，再设置反射参数，如右图所示。

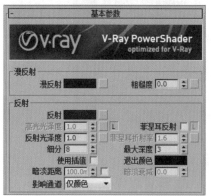

06 漫反射颜色和反射颜色设置，如下图所示。

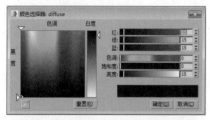

08 若设置金属材质，需先选择一个空白材质球，设置为VRayMtl材质类型，设置漫反射颜色和反射颜色，再设置反射参数，如下图所示。

10 设置好的金属材质球效果，如下图所示。

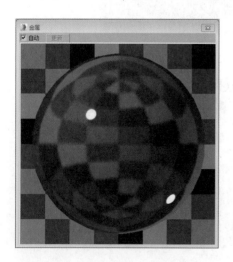

07 设置好的屏幕材质球效果，如下图所示。

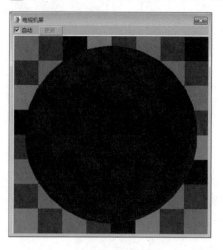

09 漫反射颜色和反射颜色参数设置，如下图所示。

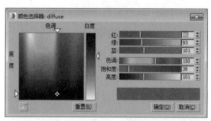

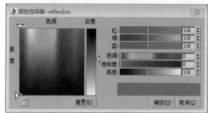

11 将材质指定给模型对象，渲染的效果如下图所示。

Section 7.4 设置场景灯光

本案例表现的是采光丰富的卧室效果，室内有充足的光照。这里我们将使用目标平行光源来模拟室外天光，并在窗口位置创建了VRay的面光源来为场景补光。室内利用VR-灯光来模拟台灯灯光和吊灯灯光。

7.4.1 设置室外光源

下面介绍室外光源的设置步骤，具体操作方法如下：

01 单击光度学光源类型中的目标灯光按钮，在顶视图中创建一盏目标灯光，调整灯光参数及角度，作为室外主要光源，如下图所示。

02 首先开启灯光阴影，设置阴影类型为VR-阴影，灯光强度为10，再设置平行光参数，如下图所示。

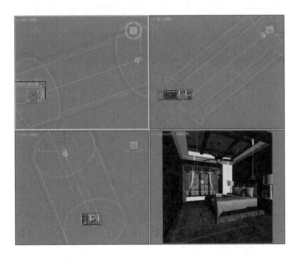

03 在窗外位置创建VR灯光，调整灯光参数及位置，作为室外天光补光，如下图所示。

04 灯光的具体参数设置，如下图所示。

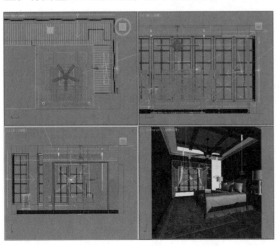

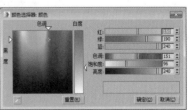

05 继续创建VR灯光，调整灯光参数及位置并旋转角度，作为室外阳光补光，如下图所示。

06 灯光的具体参数设置，如下图所示。

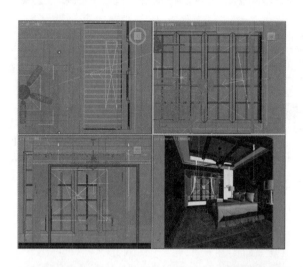

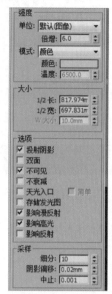

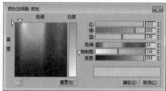

7.4.2　设置室内光源

本场景中的室内光源的来源主要是台灯和吊灯，光源布局比较均匀，下面介绍室内光源的创建过程：

01 创建台灯光源时，先创建球形VR灯光进行表现，移动到台灯的合适位置，再复制到床头另一侧台灯位置，如下图所示。

02 台灯灯光的具体参数设置，如下图所示。

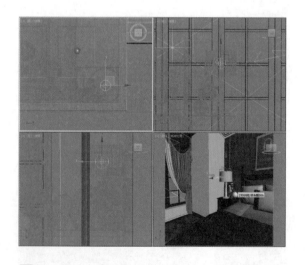

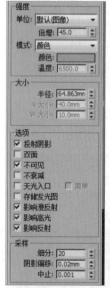

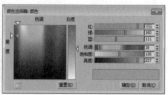

03 再创建球形VR灯光进行表现，移动到吊灯的合适位置，如下图所示。

04 设置吊灯灯光的具体参数，如下图所示。

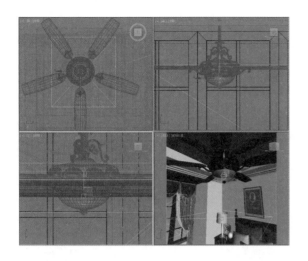

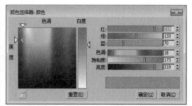

05 创建矩形VR灯光，移动到吊灯下方位置，作为吊灯补光，如下图所示。

06 补光光源的具体参数，如下图所示。

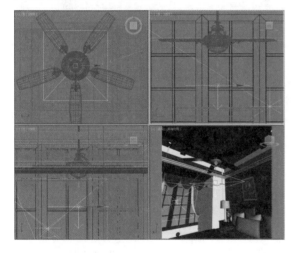

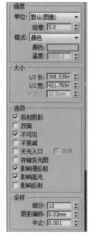
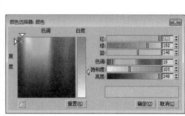

07 创建目标灯光，作为筒灯光源，复制灯光并调整位置，如下图所示。

08 设置"灯光分布（类型）"为"光度学Web"，并添加光域网文件，其余参数设置如下图所示。

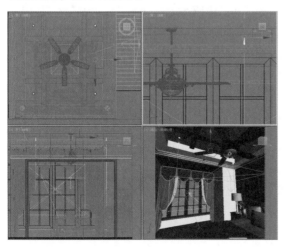

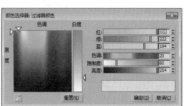

7.4.3 测试渲染设置

灯光和材质都已经创建完毕，在渲染最终效果之前可以先对场景进行一个测试渲染，以便于观察渲染效果，再做出适当的调整，下面介绍测试渲染参数的设置：

01 按F10键打开"渲染设置"对话框，首先在"公用参数"卷展栏中设置出图尺寸，如下图所示。

02 在"图像采样器（抗锯齿）"卷展栏下设置抗锯齿类型和过滤器类型，如下图所示。

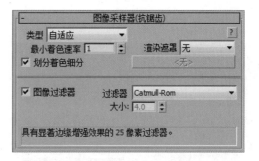

03 在"颜色贴图"卷展栏中设置"类型"为指数，其余参数保持默认设置，如下图所示。

04 开启全局照明，设置"二次引擎"为"灯光缓存"，如下图所示。

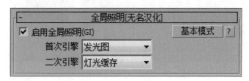

05 在"发光图"卷展栏中设置预设级别为低，并设置细分、采样等参数，如下图所示。

06 在"灯光缓存"卷展栏中设置"细分"值为200，如下图所示。

07 按F9键对摄影机视图进行快速渲染，测试效果如下图所示。

09 再次进行渲染，这次得到了较为满意的效果，效果如右图所示。

08 观察测试效果，整体光线较暗，明暗对比较弱。则在"颜色贴图"卷展栏中设置暗度倍增和明亮倍增值，如下图所示。

Section 7.5 最终图像渲染

对场景进行测试渲染直到满意之后，就可以正式渲染最终成品图像了，具体操作步骤如下。

01 在渲染设置面板中重新设置出图尺寸，如下图所示。

02 在"全局确定性蒙特卡洛"卷展栏中设置相关参数，如下图所示。

03 在"发光图"卷展栏中设置预设级别、细分、采样值等参数，如下图所示。

04 在"灯光缓冲"卷展栏中设置细分值，如下图所示。

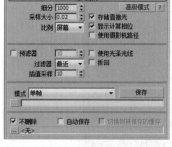

05 在"系统"卷展栏中设置渲染块宽度及动态内存限制，如下图所示。

06 渲染最终效果，如下图所示。

Section 7.6 效果图后期处理

本小节将具体介绍卧室场景的后期处理，具体操作步骤如下。

01 用Photoshop软件打开效果图，如下图所示。

02 执行"图像>调整>色相/饱和度"命令，打开"色相/饱和度"对话框，调整黄色的饱和度，如下图所示。

03 调整后效果如下图所示，可以看到场景中的暖黄色调稍微淡一点。

05 调整后效果如下图所示，可以看到场景中的亮部变亮，暗部变暗，明暗对比更加明显一些。

04 执行"图像>调整>亮度/对比度"命令，打开"亮度/对比度"对话框，调整亮度和对比度，如下图所示。

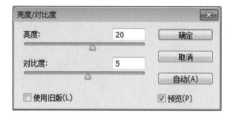

06 执行"图像>调整>曲线"命令，打开"曲线"对话框，调整曲线参数，如下图所示。

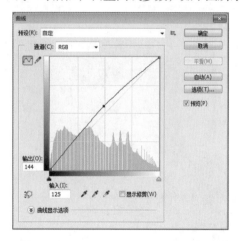

07 调整后整体场景变得明亮，至此完成效果图的后期处理，效果图处理前后的对比如下图所示。

Chapter 8

SPA包间
——新中式风格表现

Section 8.1 案例介绍

　　美容院装修设计中较为常见的几种风格包括欧式风格、新古典风格、地中海风格、新中式风格、东南亚风格、美式风格、田园风格等。本章案例中的美容院SPA包间为新中式设计风格，所谓新中式风格就是作为传统中式装饰风格的现代生活理念，通过提取传统家居的精华元素和生活符号进行合理的搭配、布局，在整体的装饰设计中既有中式家居的传统韵味，也有更多的符合了现代人居住的生活特点，使古典与现代完美结合，传统与时尚并存。白模效果和最终渲染效果，如下图所示。

　　下面是一些细节的渲染，读者可以近距离观察物体的质感效果，如下图所示。

Section 8.2 场景白模效果

本节将介绍中式风格的SPA包间场景白模效果渲染的操作方法，具体步骤如下。

01 首先设置白模材质，按M键打开材质编辑器，选择一个空白材质球，设置为VRayMtl材质类型，再设置漫反射颜色，如下图所示。

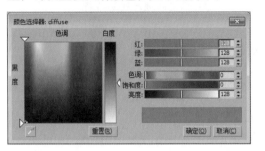

02 设置好的材质球效果如下图所示。

03 按F10键打开渲染设置面板，在"全局开关"卷展栏中勾选"覆盖材质"复选框，并将材质编辑器中创建的白模材质拖曳到该面板中，如下图所示。

04 渲染场景，白模效果如下图所示。

Section 8.3 设置场景材质

本案例场景虽然不大，但需要表现的材质却不少，这里主要介绍建筑主体、洗手台、落地灯、美容床、装饰品以及背景墙装饰材质的制作。

8.3.1 设置建筑主体材质

首先来设置SPA包间场景的主体材质，包括地面、墙体、顶面三个部分。墙面除了乳胶漆材质，还有壁纸和银漆材质，下面介绍这些材质的具体制作过程：

01 首先设置乳胶漆材质。按M键打开材质编辑器，选择一个空白材质球，设置为VRayMtl材质类型，设置漫反射颜色为白色，其余设置保持默认，如下图所示。

02 创建好的白色乳胶漆材质球效果，如下图所示。

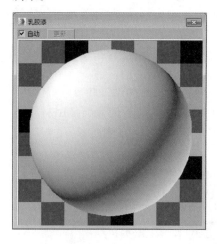

03 选择一个空白材质球，设置为VRayMtl材质类型，在"贴图"卷展栏中为漫反射通道和凹凸通道添加位图贴图并设置凹凸值，再为反射通道添加衰减贴图，如下图所示。

04 漫反射通道与凹凸通道添加的位图贴图效果如下图所示。

05 进入衰减参数面板，设置衰减类型，如下图所示。

06 返回到"基本参数"卷展栏，设置反射参数，如下图所示。

07 为材质再添加一个材质包裹器，设置生成全局照明的值，如下图所示。

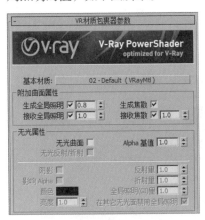

09 要设置银漆材质，则先选择一个空白材质球并设置为VRayMtl材质，设置漫反射颜色及反射颜色，再设置反射参数，如下图所示。

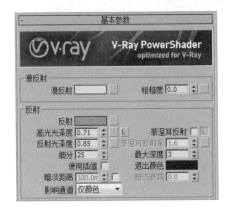

11 设置好的材质球效果如下图所示。

08 设置好的材质球如下图所示。

10 衰减颜色2参数设置如下图所示。

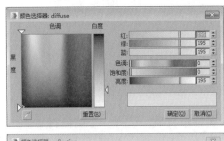

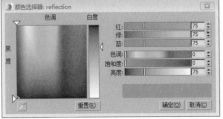

12 选择一个空白材质球设置并为VRayMtl材质，在"贴图"卷展栏为漫反射及凹凸通道添加位图贴图后，设置"凹凸"值，如下图所示。

13 漫反射通道和凹凸通道添加的位图贴图效果，如下图所示。

14 设置好的材质球效果，如下图所示。

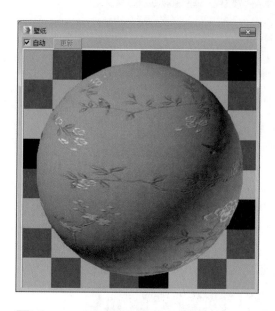

15 接着设置窗帘材质。选择一个空白材质球，设置为VRayMtl材质类型，为漫反射和反射通道添加衰减贴图，为凹凸通道添加位图贴图并设置凹凸值，如下图所示。

16 进入漫反射通道的衰减设置面板，设置衰减颜色，如下图所示。

17 要设置窗帘材质，则先选择一个空白材质球，设置为VRayMtl材质类型，为漫反射和反射通道添加衰减贴图，为凹凸通道添加位图贴图并设置凹凸值，如下图所示。

18 进入漫反射通道的衰减设置面板，设置衰减颜色，如下图所示。

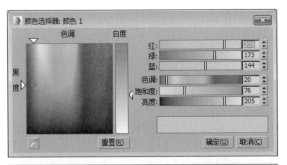

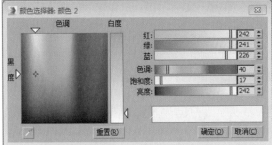

19 凹凸通道添加的位图贴图效果，如下图所示。

20 返回到参数设置面板，设置反射参数及折射参数，如下图所示。

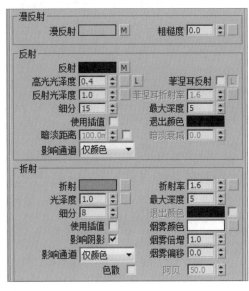

21 折射颜色参数设置如下图所示。

22 在"选项"卷展栏中设置相关参数，如下图所示。

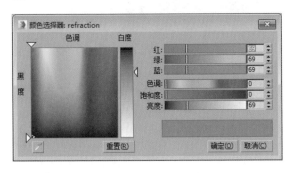

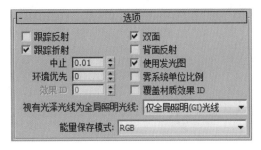

23 创建好的窗帘材质球，效果如下图所示。

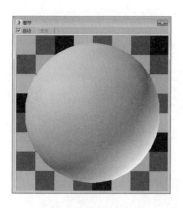

24 将创建的材质指定给场景中的对象，渲染效果如下图所示。

8.3.2 设置洗手台和落地灯材质

本小节主要介绍的是洗手台和落地灯的材质设置，包括木纹理材质、镜面材质、洗手盆材质、不锈钢材质及灯罩材质，下面介绍材质设置的具体制作过程：

01 首先设置木纹理材质。选择一个空白材质球，设置为VRayMtl材质类型，为漫反射通道添加位图贴图，再设置反射参数，如下图所示。

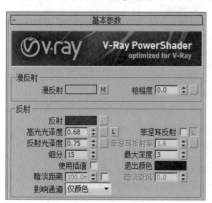

02 漫反射通道添加的位图贴图效果，如下图所示。

03 反射颜色参数设置如下图所示。

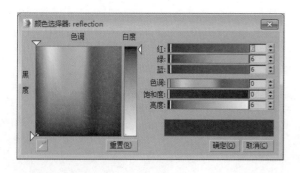

04 设置好的材质球效果，如下图所示。

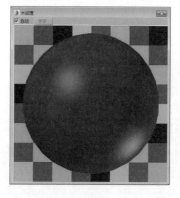

05 要设置洗手盆材质，则先选择一个空白材质球，设置为多维/子对象材质类型，如下图所示。

06 将子材质1命名为"白瓷"，设置为VRayMtl材质类型，设置漫反射颜色，为反射通道添加衰减贴图，再设置反射参数，如下图所示。

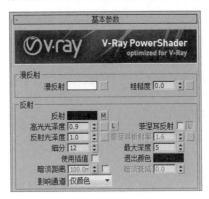

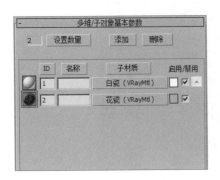

07 反射颜色参数设置如下图所示。

08 打开衰减参数设置面板，设置衰减类型，如下图所示。

09 设置好的白瓷材质球效果，如下图所示。

10 接着设置子材质2的材质。将材质2命名为"花瓷"，设置为VRayMtl材质类型，为漫反射通道和凹凸通道添加位图贴图，并设置凹凸值，如下图所示。

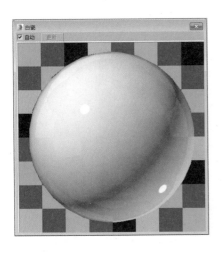

11 漫反射通道及凹凸通道添加的位图贴图的效果，如下图所示。

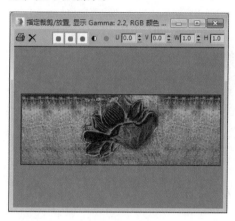

12 设置好的子材质2材质球效果，如下图所示。

13 继续返回到多维/子材质面板，材质球效果如下图所示。

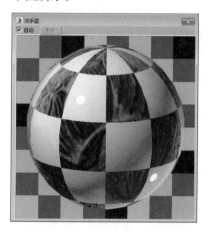

14 制作镜子材质。选择一个空白材质球，设置为VRayMtl材质类型，设置漫反射颜色及反射颜色，再设置反射参数，如下图所示。

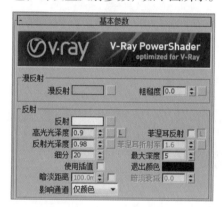

15 漫反射颜色及反射颜色参数设置如下图所示。

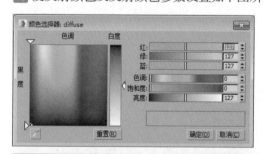

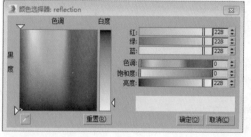

16 设置好的镜子材质球效果，如下图所示。

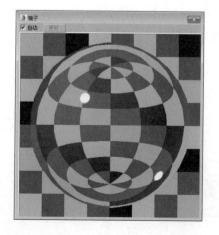

17 设置不锈钢材质。选择一个空白材质球，设置为VRayMtl材质类型，设置漫反射颜色及反射颜色，再设置反射参数，如下图所示。

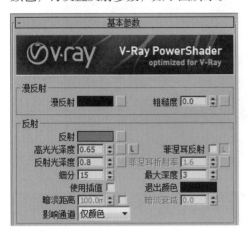

19 设置好的不锈钢材质球效果，如下图所示。

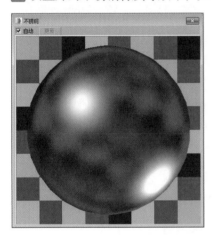

21 打开正面材质设置面板，设置漫反射颜色，取消勾选"菲涅尔反射"复选框，其余设置保持默认，如下图所示。

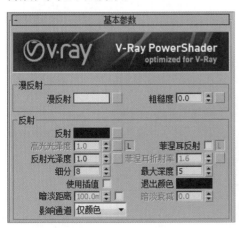

18 漫反射颜色及反射颜色参数设置如下图所示。

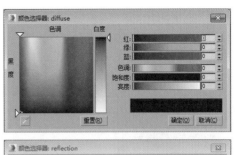

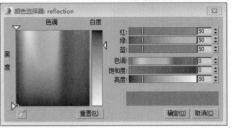

20 接着设置灯罩材质，选择一个空白材质球，设置为VRay2SidedMtl材质类型，设置正面材质为VRayMtl材质，再设置半透明颜色，如下图所示。

22 漫反射颜色参数设置如下图所示。

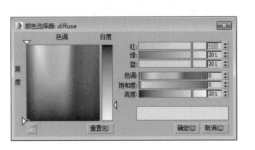

23 设置好的灯罩材质球效果，如下图所示。

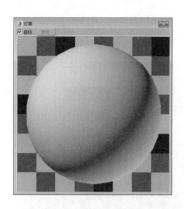

24 将设置好的材质指定给场景中的对象，渲染效果如下图所示。

8.3.3　设置美容床和装饰品材质

　　对美容床材质的设置主要是各种布料材质的介绍，另外还有一些装饰品的材质，下面介绍具体的制作过程：

01 设置布料1材质。选择一个空白材质球，设置为多维/子材质，设置材质数量为2，如下图所示。

02 将子材质1设置为VRayMtl材质，分别为漫反射通道和凹凸通道添加位图贴图，并设置凹凸参数，如下图所示。

03 漫反射通道添加的位图贴图效果，如下图所示。

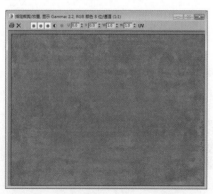

04 凹凸通道添加的位图贴图效果，如下图所示。

05 设置好的子材质1材质球的效果，如下图所示。

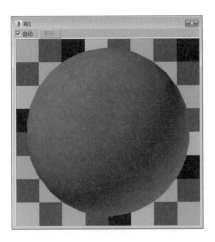

06 接着设置子材质2，在"贴图"卷展栏中为漫反射通道添加衰减贴图，为凹凸通道及置换通道添加位图贴图，并设置相关参数值，如下图所示。

07 进入衰减参数面板，添加位图贴图，如下图所示。

08 衰减通道添加的位图贴图效果，如下图所示。

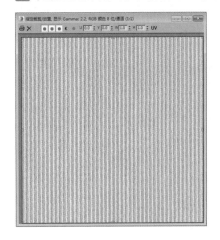

09 凹凸通道及置换通道添加的位图贴图效果，如下图所示。

10 设置好的子材质2材质球效果，如下图所示。

11 最后查看多维/子材质球的效果，如下图所示。

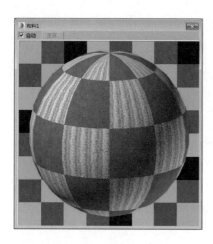

13 打开衰减参数设置面板，设置衰减颜色及衰减类型，如下图所示。

15 为凹凸通道添加的位图贴图效果如下图所示。

12 设置布料2材质。选择一个空白材质球，设置为VRayMtl材质类型，为漫反射通道添加衰减贴图，为凹凸通道添加位图贴图，设置凹凸参数，如下图所示。

14 衰减颜色参数设置如下图所示。

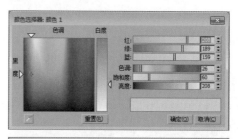

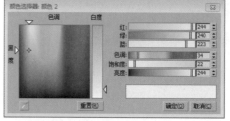

16 返回到基本参数设置面板，设置反射参数，如下图所示。

17 设置反射颜色参数，如下图所示。

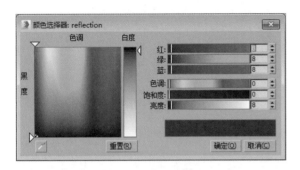

19 设置缎面材质。选择一个空白材质球，设置为VRayMtl材质类型，为漫反射通道添加位图贴图，设置反射参数，如下图所示。

21 设置反射颜色参数，如下图所示。

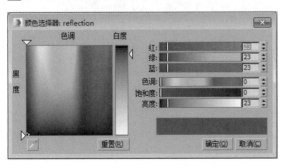

18 设置好的布料材质球效果，如下图所示。

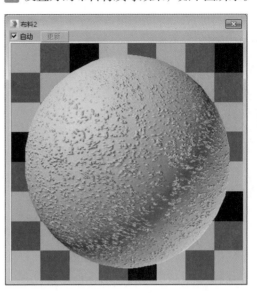

20 为漫反射通道添加的位图贴图效果，如下图所示。

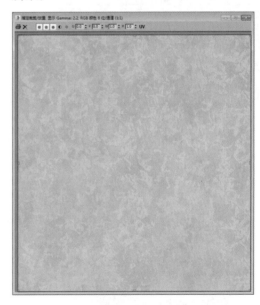

22 在"选项"卷展栏中取消勾选"跟踪反射"复选框，再设置其他参数，如下图所示。

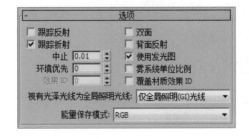

23 设置好的端面材质球效果，如下图所示。

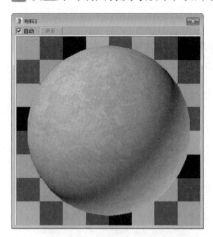

24 选择一个空白材质球，设置为多维/子对象材质类型，如下图所示。

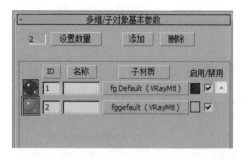

25 进入子材质1设置面板，设置为VRayMtl材质类型，设置漫反射颜色与反射颜色，再设置反射参数，如下图所示。

26 设置漫反射颜色与反射颜色，如下图所示。

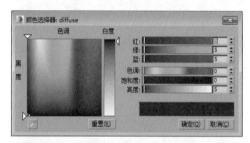

27 设置好的子材质1材质球效果，如下图所示。

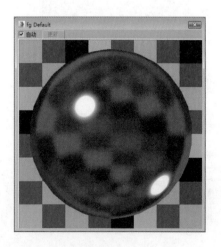

28 进入子材质2设置面板，设置为VRayMtl材质类型，设置漫反射颜色与反射颜色，再设置反射参数，如下图所示。

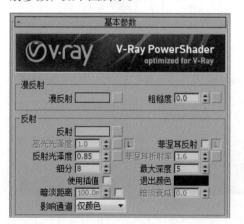

29 设置漫反射颜色与反射颜色，如下图所示。

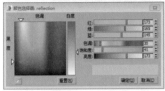

30 设置好的子材质2材质球效果如下图所示。

31 多维/子材质球效果如下图所示。

32 设置香薰蜡烛材质。选择一个空白材质球，设置为VRayMtl材质类型，设置漫反射颜色、反射颜色、折射颜色，再设置反射参数与折射参数，如下图所示。

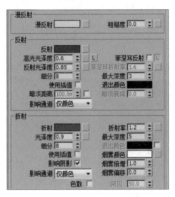

33 漫反射颜色、反射颜色、折射颜色设置参数如下图所示。

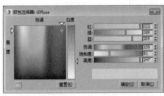

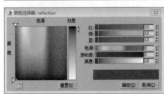

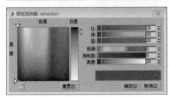

34 设置好的蜡烛材质球效果，如下图所示。

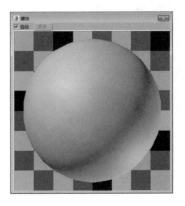

Chapter 1
Chapter 2
Chapter 3
Chapter 4
Chapter 5
Chapter 6
Chapter 7
Chapter 8
Chapter 9

35 将设置好的各种材质指定给场景中的对象，如右图所示。

8.3.4 设置背景墙装饰品材质

背景墙位置有两个扇面的装饰品，本小节主要介绍这个装饰品的材质设置，包括扇面材质和金线材质，下面介绍材质的制作过程：

01 首先设置金箔扇面材质。选择一个空白材质球，设置为VRayMtl材质类型，在"贴图"卷展栏中为漫反射通道和反射通道添加位图贴图，如下图所示。

02 漫反射通道添加的位图贴图效果，如下图所示。

03 反射通道添加的位图贴图效果，如下图所示。

04 在基本参数面板中设置反射参数，如下图所示。

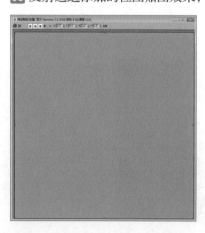

05 设置好的扇面材质效果如下图所示。

06 反射颜色参数设置如下图所示。

07 漫反射颜色及反射颜色设置如下图所示。

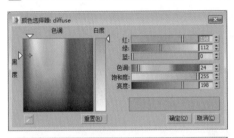

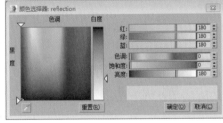

08 设置好的材质球效果如下图所示。

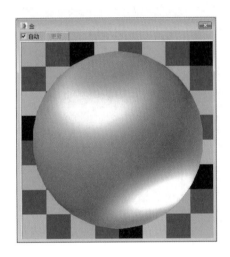

09 将创建好的材质指定给场景中的装饰品模型，渲染效果如下图所示。

Section 8.4 设置场景灯光

渲染设置中的替代材质在前期调节灯光的时候特别重要，将其勾选时就是我们所说的白模渲染，可以让用户更好地观察灯光效果。

8.4.1 设置室内外光源

下面介绍室外光源的设置步骤，具体操作方法如下：

01 设置室外天光。单击VRay光源类型中的VR-灯光按钮，在前视图中创建一盏VR灯光，调整灯光参数及位置，作为室外天光光源，如下图所示。

02 设置灯光倍增强度及颜色后，再设置灯光大小等参数，如下图所示。

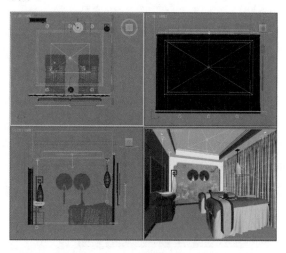

03 设置灯带光源。在窗帘盒位置创建VR灯光，调整到合适位置，如下图所示。

04 设置灯光倍增强度及颜色，再设置灯光大小等参数，如下图所示。

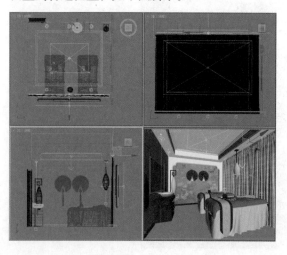

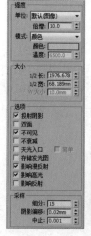

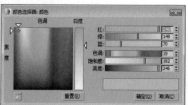

05 创建室内补光。继续创建VR灯光，调整到室内居中位置，如下图所示。

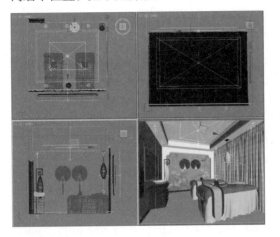

07 创建落地灯及吊灯光源。创建球形VR灯光，移动到吊灯位置，作为吊灯光源，如下图所示。

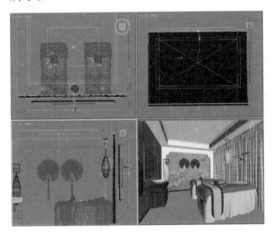

09 复制灯光到落地灯位置，如下图所示。

06 设置灯光倍增强度及颜色，再设置灯光大小等参数，如下图所示。

08 设置灯光倍增强度及颜色，再设置灯光半径等参数，如下图所示。

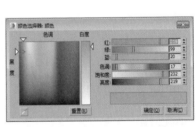

10 创建筒灯光源。创建一盏VRayIES灯光，移动到合适的位置，如下图所示。

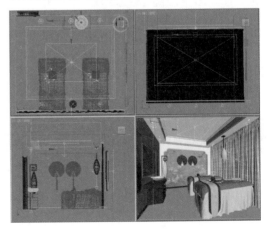

11 为VRayIES灯光添加IES文件，调整颜色、功率等参数，如下图所示。

12 复制灯光，调整到筒灯位置，如下图所示。

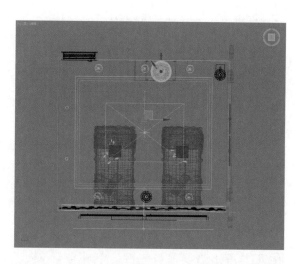

8.4.2 测试渲染设置

灯光和材质都已经创建完毕，下面介绍新中式风格SPA包间的测试渲染参数的设置，具体操作步骤如下。

01 按F10键打开"渲染设置"对话框，首先在"公用参数"卷展栏中设置出图尺寸，如下图所示。

02 在"图像采样器"卷展栏下设置抗锯齿类型和过滤器类型，如下图所示。

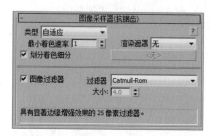

03 在"颜色贴图"卷展栏中设置"类型"为"指数"，其余保持默认设置，如下图所示。

04 开启全局照明，设置二次引擎为灯光缓存，如下图所示。

05 在"发光图"卷展栏中设置预设级别为低，并设置细分、采样等参数，如下图所示。

06 在"灯光缓存"卷展栏中设置"细分"值为200，如下图所示。

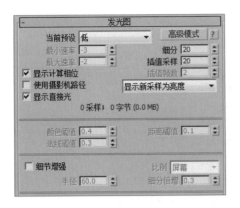

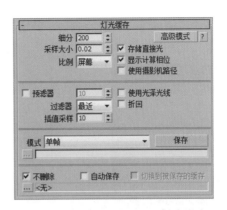

07 按F9键对摄影机视图进行快速渲染，测试效果如右图所示。

Section 8.5 最终图像渲染

对场景进行测试渲染直到满意之后，就可以正式渲染最终成品图像了，具体操作步骤如下。

01 在渲染设置面板中重新设置出图尺寸，如下图所示。

02 在"全局确定性蒙特卡洛"卷展栏中设置相关参数，如下图所示。

03 在"发光图"卷展栏中设置预设级别、细分、采样值等参数，如下图所示。

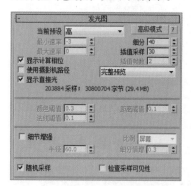

04 在"灯光缓冲"卷展栏中设置"细分"参数值，如下图所示。

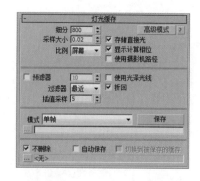

05 在"系统"卷展栏设置"渲染块宽度"和"动态内存限制"参数，如下图所示。

06 渲染最终效果，如下图所示。

Section 8.6 效果图后期处理

下面介绍新中式风格SPA包间场景的后期效果图处理的操作方法，具体步骤如下。

01 用Photoshop软件打开效果图，如下图所示。

02 执行"图像>调整>亮度/对比度"命令，打开"亮度/对比度"对话框，调整亮度及对比度，如下图所示。

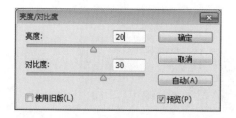

03 调整后效果如下图所示，可以看到场景的明暗对比更加明显。

04 执行"图像>调整>曲线"命令，打开"曲线"对话框，调整曲线参数，如下图所示。

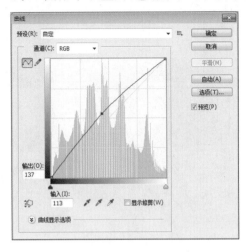

05 调整后效果如下图所示，调整后整体场景变得更明亮。

06 使用画笔工具，选择合适的笔刷并调整笔刷大小，如下图所示。

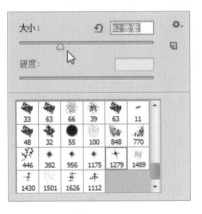

07 调整笔刷大小并为效果图添加灯光效果，至此完成效果图的后期处理，效果图处理前后的对比如下图所示。

Chapter 9
复古拱门
——欧式风格表现

Section 9.1 案例介绍

　　本案例表现的是一个较为写实的欧式拱门场景，拱门外的阳光明亮温暖，拱门下的光线模糊而冷清。墙面、地面以及顶面都表现出一种古旧的感觉，整个场景就以一个"旧"字进行表达。下图为白模效果和最终渲染效果。

下面是一些细节的渲染，读者可以近距离观察物体的质感效果，如下图所示。

Section 9.2 场景白模效果

下面介绍欧式风格的复古拱门场景白模效果的渲染方法，具体操作如下。

01 设置白模材质。按M键打开材质编辑器，选择一个空白材质球，设置为VRayMtl材质类型，将漫反射颜色设置为白色，再为漫反射通道添加VR-边纹理贴图，如下图所示。

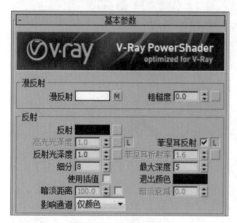

02 进入VRay边纹理参数面板，设置纹理颜色及像素值，如下图所示。

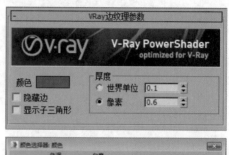

03 设置好的白模材质球，效果如下图所示。

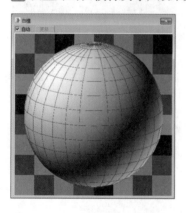

05 渲染场景，白模效果如右图所示。

04 按F10键打开渲染设置面板，在"全局开关"卷展栏中勾选"覆盖材质"复选框，并将材质编辑器中创建的白模材质拖曳到该面板中，如下图所示。

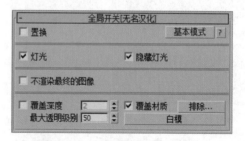

Section 9.3 设置场景材质

本案例场景中需要表现的材质有建筑主体材质、壁灯材质和盆栽材质等，本节将分别进行介绍。

9.3.1 设置建筑主体材质

首先来设置场景的主体材质，包括地面、墙体、顶面三个部分，地面为水泥材质，墙面为砖石、基石以及拱门的石材材质，顶部则是木纹理材质。下面介绍材质的制作过程：

01 首先来设置水泥材质。按M键打开材质编辑器，选择一个空白材质球，设置为VRayMtl材质类型，为漫反射通道、反射通道、反射光泽通道以及凹凸通道添加位图贴图，其中反射通道、反射光泽通道以及凹凸通道所添加的位图贴图相同，再设置凹凸强度值，如下图所示。

02 在"基本参数"卷展栏中设置反射参数，如下图所示。

03 为漫反射通道添加的位图贴图，如下图所示。

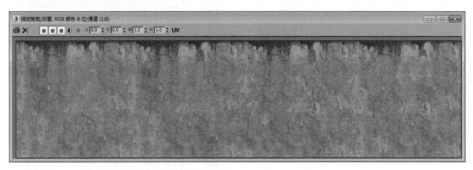

04 为反射通道、反射光泽通道以及凹凸通道所添加的位图贴图，如下图所示。

05 打开"双向反射分布函数"卷展栏，设置函数类型为沃德，如下图所示。

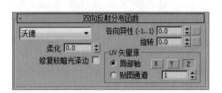

07 为曲面通道添加的位图贴图，如下图所示。

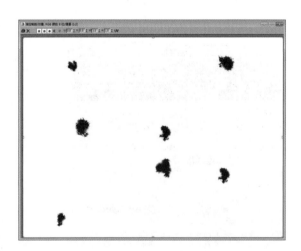

09 设置砖墙材质。选择一个空白材质球设置为VRayMtl材质，为漫反射通道、反射通道、反射光泽通道添加位图贴图，再为凹凸通道添加VR-合成纹理贴图并设置凹凸强度值，如右图所示。

06 再打开"mental ray连接"卷展栏，为基本明暗器的曲面通道添加位图贴图，如下图所示。

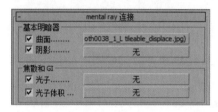

08 至此水泥材质设置完成，设置好的材质球效果，如下图所示。

10 为漫反射通道添加的位图贴图，如下图所示。

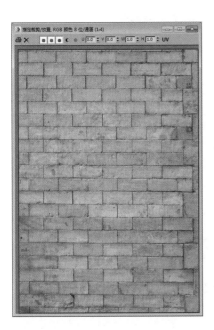

11 为反射通道、反射光泽通道添加的位图贴图，如下图所示。

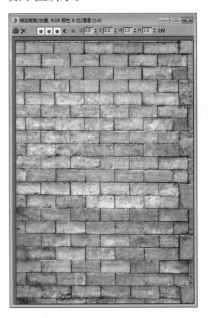

12 在基本参数卷展栏中设置反射参数，如下图所示。

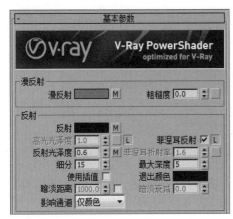

13 打开"双向反射分布函数"卷展栏，设置函数类型为沃德，如下图所示。

14 打开凹凸通道的VR-合成纹理贴图参数面板，为源A通道添加混合贴图，为源B通道添加位图贴图，再设置运算符类型为最小化，如下图所示。

15 源B通道添加的位图贴图，如下图所示。

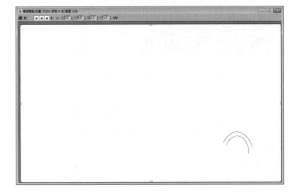

16 进入源A通道的混合贴图参数面板，为颜色1通道添加位图贴图，为颜色2通道添加VR-颜色贴图，为混合量通道添加渐变坡度贴图，再设置其他参数，如下图所示。

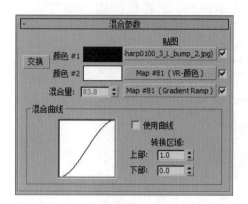

17 为颜色1通道添加的位图贴图，如下图所示。

18 进入VR-颜色贴图参数面板，设置红、绿、蓝颜色值，如下图所示。

19 进入渐变坡度贴图参数面板，在坐标卷展栏中设置W角度为90，模糊值为10，如下图所示。

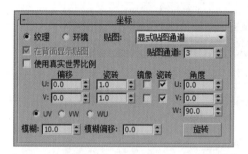

20 在渐变坡度参数卷展栏中设置渐变颜色，设置插值类型为缓入缓出，再设置噪波面板中的参数值，如下图所示。

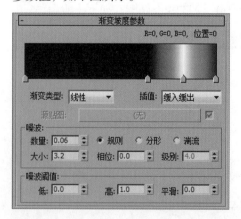

21 至此砖墙材质设置完成，设置好的材质球效果如下图所示。

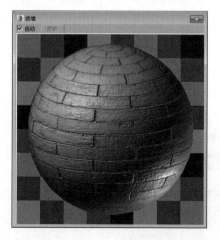

22 设置基石材质。选择一个空白材质球设置为VR-混合材质，设置基本材质和镀膜材质1都为VRayMtl材质，再为混合数量通道添加VR-污垢贴图，如下图所示。

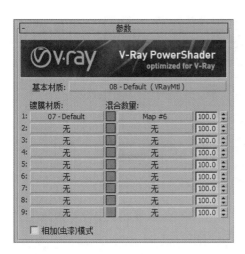

23 进入基本材质参数面板，为漫反射通道、反射通道、反射光泽通道添加位图贴图，为凹凸通道添加合成贴图并设置凹凸强度值，如下图所示。

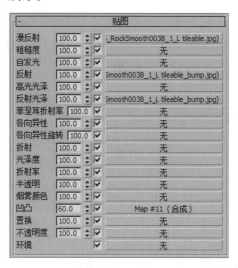

24 为漫反射通道添加的位图贴图，如下图所示。

25 为反射通道和反射光泽通道添加的位图贴图，如下图所示。

26 打开凹凸通道的合成贴图参数面板，设置两个层，为层1添加VR边纹理贴图，为层2添加位图贴图，如下图所示。

27 进入边纹理贴图参数面板，设置纹理颜色为白色，如下图所示。

28 为层2添加的位图贴图与上一级中反射通道和反射光泽通道添加的位图贴图相同，返回到上一级，打开"mental ray连接"卷展栏，为基本明暗器的曲面通道添加位图贴图，贴图如下图所示。

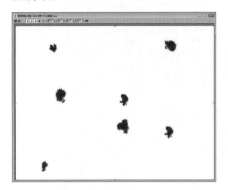

30 漫反射颜色及反射颜色参数设置如下图所示。

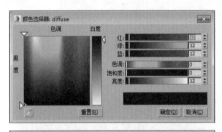

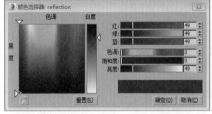

32 为凹凸通道添加合成贴图，如下图所示，具体设置与基本材质中凹凸通道添加的合成贴图设置一样。

29 再返回上一级到VR混合材质面板，进入镀膜材质1参数设置面板，设置漫反射颜色及反射颜色，再设置反射参数，如下图所示。

31 在双向反射分布函数卷展栏中设置函数类型为沃德，如下图所示。

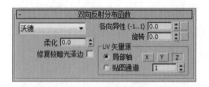

33 返回到上一级，进入VR污垢参数面板，设置半径和细分参数，如下图所示。

34 至此基石材质设置完成，设置好的材质球效果如下图所示。

35 利用创建基石材质的方法再创建其他石材材质，石材1材质球效果如下图所示。

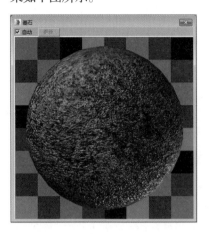

36 为石材1的漫反射通道添加的位图贴图，然后为反射通道、反射光泽通道以及合成贴图中的层2通道添加的位图贴图，如下图所示。

37 在石材2材质中添加的VR-污垢贴图参数面板中，重新设置污垢半径及细分值，如下图所示。

38 设置好的石材2材质球效果如下图所示。

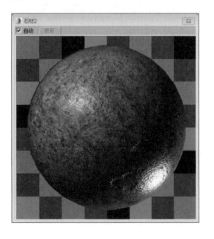

39 为石材2的漫反射通道添加的位图贴图，如下左图所示。为反射通道、反射光泽通道以及合成贴图中的层2通道添加的位图贴图，如下右图所示。

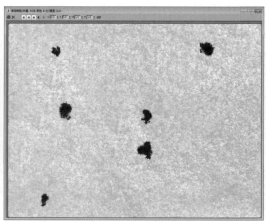

40 最后设置顶部木梁材质。同样利用设置基石材质的方法进行创建，取消为混合数量通道添加VR污垢贴图，如下图所示。

41 为漫反射通道添加的位图贴图，如下图所示。

42 为反射通道、反射光泽通道以及合成贴图中层2通道添加的贴图，如下图所示。

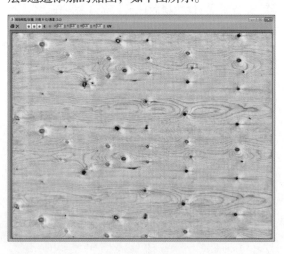

43 设置好的木材质1材质球效果如下图所示。到此建筑主体材质创建完毕。

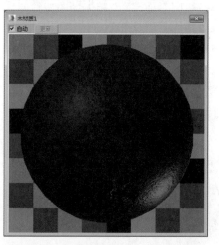

44 将上述创建的各种材质分别指定给场景中的地面、墙体、顶部、踏步、入户门、拱门等模型，渲染效果如下图所示。效果图中的植物、花盆等材质将会在后续的章节中进行介绍。

9.3.2 设置壁灯材质

场景中的壁灯，铁艺灯体经历了时间的侵蚀表现出一种锈迹斑斑的状态，下面介绍材质的具体制作过程：

01 设置生锈铁艺材质。选择一个空白材质球，设置为VR-混合材质类型，设置基本材质与镀膜材质为VRayMtl材质，再为混合通道添加位图贴图，如下图所示。

02 为混合通道添加的位图贴图，如下图所示。

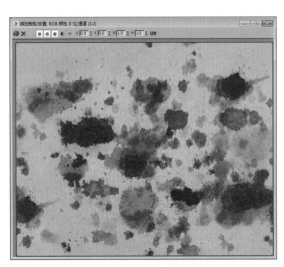

03 进入基本材质参数面板，设置漫反射颜色与反射颜色，再设置反射参数，如下图所示。

04 漫反射颜色与反射颜色参数设置如下图所示。

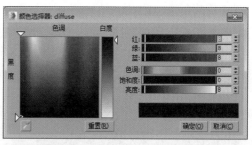

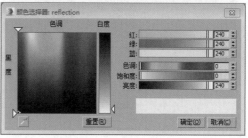

05 在贴图卷展栏中为反射光泽通道和凹凸通道添加噪波贴图，如下图所示。

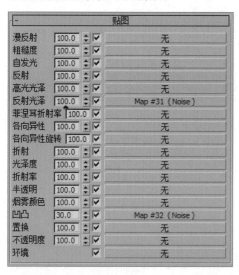

06 进入反射光泽通道的噪波参数面板，设置噪波大小及噪波颜色，为颜色通道添加VR颜色贴图，如下图所示。

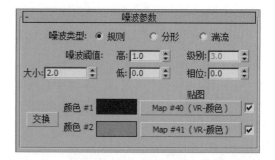

07 颜色1通道中的VR颜色贴图参数保持默认，颜色2中的VR颜色贴图参数如下图所示。

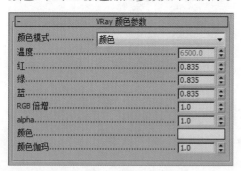

08 颜色参数设置如下图所示。

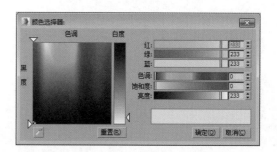

09 进入凹凸通道的噪波参数面板，设置噪波大小及颜色，如下图所示。

10 颜色参数设置如下图所示。

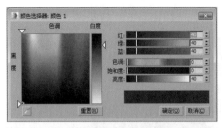

11 返回到上级设置面板，进入镀膜材质参数面板，设置漫反射颜色与反射颜色，再设置反射参数，如下图所示。

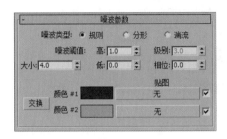

12 漫反射颜色与反射颜色参数设置如下图所示。

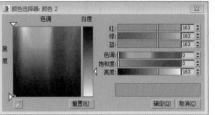

13 在双向反射分布函数卷展栏中设置函数类型为沃德，如下图所示。

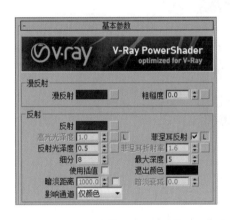

14 再为凹凸通道添加噪波贴图，进入噪波参数设置面板，设置噪波大小，如下图所示。

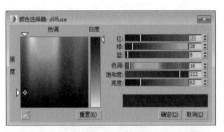

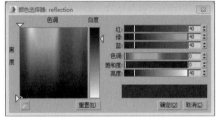

15 生锈铁艺材质创建完毕，材质球效果如下图所示。

16 设置玻璃灯罩材质。选择一个空白材质球，设置为VRayMtl材质，设置漫反射颜色、反射颜色、折射颜色以及烟雾倍增颜色，再设置反射参数及折射参数，如下图所示。

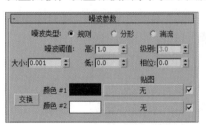

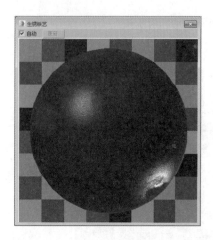

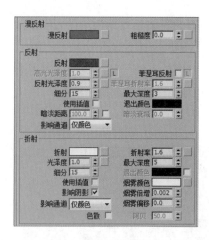

17 漫反射颜色与反射颜色参数设置如下图所示。

18 折射颜色及烟雾倍增颜色参数设置如下图所示。

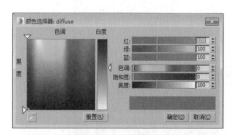

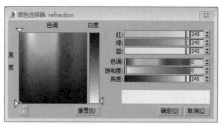

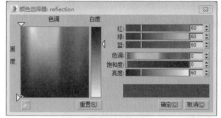

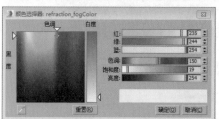

19 设置好的灯罩玻璃材质球效果如下图所示。

20 将创建好的材质指定给壁灯模型，渲染效果如下图所示。

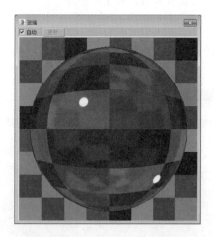

9.3.3　设置盆栽材质

本小节来介绍盆栽模型材质的制作，花盆有较多的磨损，但是光滑铮亮，是本小节着重表现的材质，下面介绍材质的制作过程：

01 设置花盆材质。选择一个空白材质球，设置为VRayMtl材质类型，设置漫反射颜色与反射颜色，再设置反射参数，如下图所示。

02 漫反射颜色与反射颜色参数设置如下图所示。

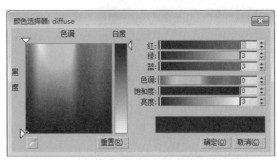

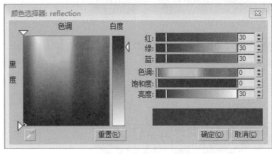

03 为反射光泽通道添加位图贴图，如下图所示。

04 制作好的花盆材质球效果如下图所示。

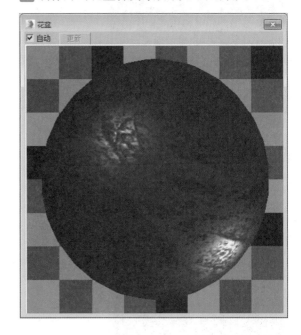

05 设置石子材质。设置一个空白材质球为VRay-Mtl材质类型，为漫反射通道和凹凸通道分别添加位图贴图，制作成石子材质，材质球效果如下图所示。

06 为漫反射通道添加的位图贴图，如下图所示。

07 为凹凸通道添加的位图贴图，如下图所示。

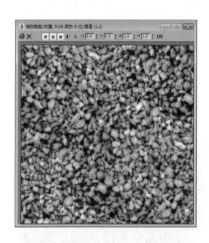

08 设置树皮材质。设置一个空白材质球为VRayMtl材质类型，为漫反射通道和凹凸通道添加位图贴图，设置凹凸强度值，如下图所示。

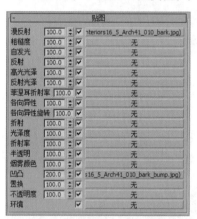

09 为漫反射通道添加的位图贴图，如下图所示。

10 为凹凸通道添加的位图贴图，如下图所示。

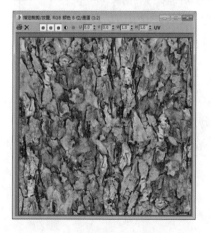

11 设置好的树皮材质球效果如下图所示。

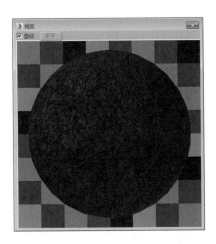

13 漫反射通道和凹凸通道所添加的的位图贴图相同，如下图所示。

15 反射颜色设置如下图所示。

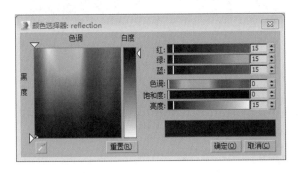

12 设置树叶材质。选择一个空白材质球，设置为VRayMtl材质类型，为漫反射通道和凹凸通道都添加位图贴图，如下图所示。

14 在基本参数面板中设置反射颜色及参数，如下图所示。

16 设置好的树叶材质球效果如下图所示。

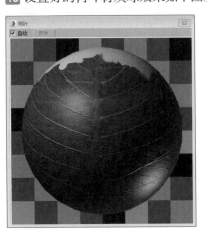

17 将设置好的材质分别制定给场景中的植物及花盆模型，渲染效果如下图所示。

　　本场景为室外场景，需要利用到的灯光非常少，整个场景中就一个VR太阳光源以及一个VR灯光光源。太阳光的制作非常简单，本案例在太阳光照的基础上，添加了一层半透明的屏障，使阳光变得模糊且柔和。下面介绍室外光源的设置步骤：

01 单击VRay光源类型中的VR-太阳按钮，创建VR太阳光，自动添加一张天空贴图，调整灯光的角度及位置，如下图所示。

02 渲染场景，观察效果，如下图所示。

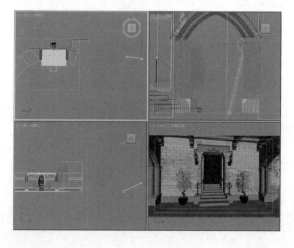

03 设置VR太阳光参数，如下图所示。

04 再次渲染场景，效果如下图所示。

05 在左视图中绘制一个2500×2500的平面模型，调整到合适的位置，如下图所示。

06 在材质编辑器中选择一个空白材质球，设置为VRayMtl材质类型，为不透明度通道添加位图贴图，如下图所示。

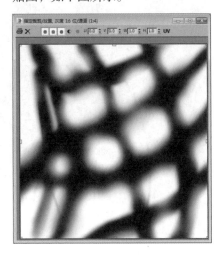

07 设置好的材质球效果如下图所示。

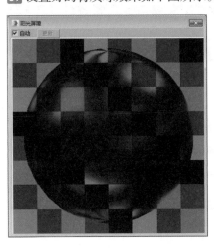

08 再次渲染场景，效果如下图所示。可以看到阳光经过遮挡，变得模糊而柔和。

09 添加补光。在入户门前创建VR灯光，如下图所示。

10 调整灯光的位置、尺寸、强度参数，如下图所示。

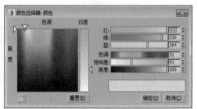

11 渲染场景，观察添加了补光以后的效果，如下图所示。

Section 9.5 渲染参数设置

对欧式风格的复古拱门场景的材质和光源进行设置后，本节将对渲染参数进行设置。

9.5.1 测试渲染参数的设置

下面将对测试渲染参数进行设置，具体操作如下：

01 打开渲染设置面板，设置一个较小的输出尺寸，如下图所示。

02 取消勾选"启用内置帧缓冲区"复选框，如下图所示。

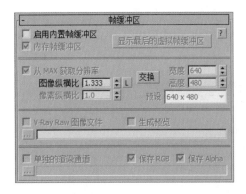

03 设置低级别的发光图参数，如下图所示。

04 设置灯光缓存细分值为400，如下图所示。

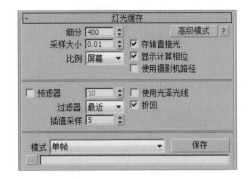

05 渲染场景，观察初步渲染的测试效果，如下图所示。

9.5.2　高品质渲染参数的设置

下面将对高品质渲染参数的设置过程进行介绍，具体步骤如下。

01 在渲染设置面板中重新设置出图尺寸，如下图所示。

02 设置图像采样器的最大细分值，再设置全局确定性蒙特卡洛的相关值，如下图所示。

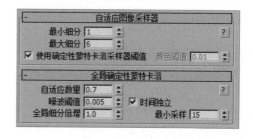

03 在"发光图"卷展栏中设置预设级别与细分、采样值等参数，如下图所示。

04 在"灯光缓冲"卷展栏中设置细分值，如下图所示。

05 在"系统"卷展栏设置渲染块宽度及动态内存限制，如下图所示。

06 最后再对场景进行渲染，下图为本场景的最终高品质渲染效果。

9.5.3 批处理渲染参数的设置

在制作效果图的过程中，经常会遇到一个场景需要渲染出多角度的效果，新手们是不是还要守在电脑前一张一张地进行调整渲染呢？批处理渲染已经可以很好地解决这个问题了，通过设置，系统可以自动连续地渲染多个角度的效果。下面就以本章为例来介绍操作步骤：

01 执行"渲染>批处理渲染"命令，打开"批处理渲染"对话框，如下图所示。

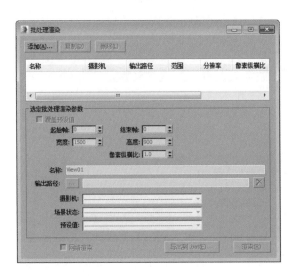

02 单击"添加"按钮，为列表添加一个摄影机选项，选择该选项，在下方的摄影机列表中选择需要添加的选项，如下图所示。

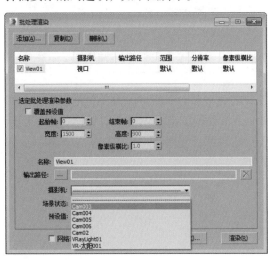

03 选择摄影机后，单击输出路径的选择按钮 ，打开"渲染输出文件"对话框，选择输出路径，编辑文件名，如下图所示。

04 单击"保存"按钮，会弹出"JPEG图像控制"对话框，调整图像质量为最佳，文件大小和平滑值会自动调整，如下图所示。

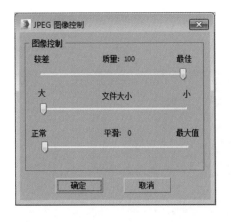

05 单击"确定"按钮，返回"批处理渲染"对话框，可以看到已经设置好的摄影机输出选择及输出路径，如下图所示。

06 按照上面的操作方法，继续添加其他的摄影机，如下图所示。

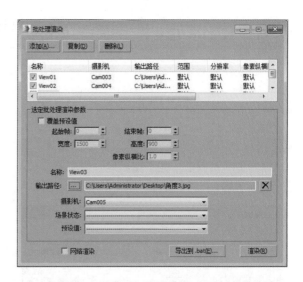

07 设置完成后，系统即会开始批量渲染，并出现一个批处理渲染进度提示对话框，如右图所示。如需终止渲染进程，单击"取消"按钮即可。

Section 9.6 效果图后期处理

本节将对欧式风格拱门场景的后期处理进行介绍，具体操作步骤如下。

01 用Photoshop软件打开效果图，如下图所示。

02 执行"图像>调整>亮度/对比度"命令，打开"亮度/对比度"对话框，调整亮度及对比度，如下图所示。

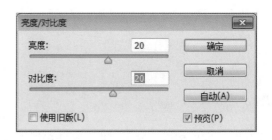

03 调整后效果如下图所示。可以看到场景的明暗对比更加明显。

04 执行"图像>调整>曲线"命令，打开"曲线"对话框，调整曲线参数，如下图所示。

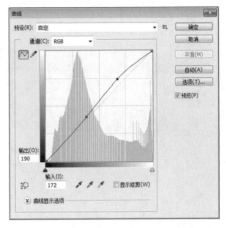

05 调整后效果如下图所示。调整后场景中的亮部调亮了一些，暗部基本不变。

06 执行"滤镜>锐化>智能锐化"命令，打开"智能锐化"对话框，保持参数默认，如下图所示。

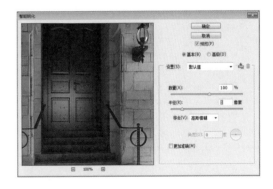

07 调整后的效果，纹理边缘都变得清晰，如下图所示。

08 执行"图像>调整>色相/饱和度"命令，打开"色相/饱和度"对话框，调整黄色的饱和度，如下图所示。

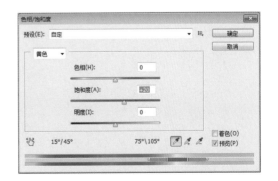

09 调整后的效果给比较清冷的场景效果增添了一份暖色，最终效果如下图所示。